U0246749

"博雅大学堂·设计学专业规划教材"编委会

主 任

潘云鹤 （原中国工程院常务副院长，国务院学位委员会委员，中国工程院院士）

委 员

潘云鹤

谭 平 （中国艺术研究院副院长、教授、博士生导师，教育部设计学类专业教学指导委员会主任）

许 平 （中央美术学院教授、博士生导师，国务院学位委员会设计学学科评议组召集人）

潘鲁生 （山东工艺美术学院院长，教授、博士生导师，教育部设计学类专业教学指导委员会副主任）

宁 钢 （景德镇陶瓷大学校长、教授、博士生导师，国务院学位委员会设计学学科评议组成员）

何晓佑 （原南京艺术学院副院长、教授、博士生导师，教育部设计学类专业教学指导委员会副主任）

何人可 （湖南大学教授、博上生导师，教育部设计学类专业教学指导委员会副主任）

何 洁 （清华大学教授、博士生导师，教育部设计学类专业教学指导委员会副主任）

凌继尧 （东南大学教授、博士生导师，国务院学位委员会艺术学学科第 5、6 届评议组成员）

辛向阳 （原江南大学设计学院院长、教授、博士生导师）

潘长学 （武汉理工大学艺术与设计学院院长、教授、博士生导师）

执行主编

凌继尧

设计学专业规划教材　　工业设计／产品设计系列

设计制图

苑国强　李庆　编著

Design
Drawing

北京大学出版社
PEKING UNIVERSITY PRESS

图书在版编目（CIP）数据

设计制图 / 苑国强，李庆编著 . —北京：北京大学出版社，2021.11
博雅大学堂·设计学专业规划教材
ISBN 978–7–301–32568–1

Ⅰ . ①设… Ⅱ . ①苑… ②李… Ⅲ . ①工程制图—高等学校—教材 Ⅳ . ①TB23

中国版本图书馆CIP数据核字 (2021) 第200430号

书　　　　名	设计制图 SHEJI ZHITU
著作责任者	苑国强　李庆 编著
责 任 编 辑	路　倩
标 准 书 号	ISBN 978–7–301–32568–1
出 版 发 行	北京大学出版社
地　　　址	北京市海淀区成府路205号　100871
网　　　址	http://www.pup.cn　　新浪微博：@北京大学出版社
电 子 信 箱	pkuwsz@126.com
电　　　话	邮购部 010–62752015　发行部 010–62750672　编辑部 010–62707742
印 刷 者	涿州市星河印刷有限公司
经 销 者	新华书店
	720毫米×1020毫米　16开本　17.25印张　312千字 2021年11月第1版　2021年11月第1次印刷
定　　　价	68.00元

C目录
Contents

P丛书序
Preface

北京大学出版社在多年出版本科设计专业教材的基础上，决定编辑、出版"博雅大学堂·设计学专业规划教材"。这套丛书涵括设计基础/共同课、视觉传达设计、环境艺术设计、工业设计/产品设计、动漫设计/多媒体设计等子系列，目前列入出版计划的教材有70—80种。这是我国各家出版社中，迄今为止数量最多、品种最全的本科设计专业系列教材。经过深入的调查研究，北京大学出版社列出书目，委托我物色作者。

北京大学出版社的这项计划得到我国高等院校设计专业的领导和教师们的热烈响应，已有几十所高校参与这套教材的编写。其中，985大学16所：清华大学、浙江大学、上海交通大学、北京理工大学、北京师范大学、东南大学、中南大学、同济大学、山东大学、重庆大学、天津大学、中山大学、厦门大学、四川大学、华东师范大学、东北大学；此外，211大学有7所：南京理工大学、江南大学、上海大学、武汉理工大学、华南师范大学、暨南大学、湖南师范大学；艺术院校16所：南京艺术学院、山东艺术学院、广西艺术学院、云南艺术学院、吉林艺术学院、中央美术学院、中国美术学院、天津美术学院、西安美术学院、广州美术学院、鲁迅美术学院、湖北美术学院、四川美术学院、北京电影学院、山东工艺美术学院、景德镇陶瓷大学。在组稿的过程中，我得到一些艺术院校领导，如山东工艺美术学院院长潘鲁生、景德镇陶瓷大学校长宁钢等的大力支持。

这套丛书的作者中，既有我国学养丰厚的老一辈专家，如我国工业设计的开拓者和引领者柳冠中，我国设计美学的权威理论家徐恒醇，他们两人早年都曾在德国访学；又有声誉日隆的新秀，如北京电影学院的葛竞，她是一位年轻有为的女性学者。很多艺术院校的领导承担了丛书的写作任务，他们中有天津美术学院副院长郭振山、中央美术学院城市设计学院院长王中、北京理工大学软件学院院长丁刚毅、西安美术学院院长助理吴昊、山东工艺美术学院数字传媒学院院长顾群业、南京艺术学院工业设计学院院长李亦文、南京工业大学艺术设计学院院长赵慧宁、湖南工业大学包装设计艺术学院院长汪田明、昆明理工大学艺术设计学院院长许佳等。

除此之外，还有一些著名的博士生导师参与了这套丛书的写作，他们中有上海交通大学的周武忠、清华大学的周浩明、北京师范大学的肖永亮、同济大学的范圣玺、华东师范大学的顾平、上海大学的邹其昌、江西师范大学的卢世主等。作者们按照北京大学出版社制定的统一要求和体例进行写作，实力雄厚的作者队伍保障了这套丛书的学术质量。

2015 年 11 月 10 日，习近平总书记在中央财经领导小组第十一次会议首提"着力加强供给侧结构性改革"。2016 年 1 月 29 日，习近平总书记在中央政治局第三十次集体学习时将这项改革形容为"十三五"时期的一个发展战略重点，是"衣领子""牛鼻子"。根据我们的理解，供给侧结构性改革的内容之一，就是使产品更好地满足消费者的需求，在这方面，供给侧结构性改革与设计存在着高度的契合和关联。在供给侧结构性改革的视域下，在大众创业、万众创新的背景中，设计活动和设计教育大有可为。

祝愿这套丛书能够受到读者的欢迎，期待广大读者对这套丛书提出宝贵的意见。

凌继尧

2016 年 2 月

F 前 言
Foreword

设计制图是高等院校工科类学生必须学习的一门技术基础课。《设计制图》教材是作者根据教育部工程图学教学指导委员会制定的"普通高等学校工程图学课程教学基本要求"和最新的制图方面的国家标准，结合工程图学课程当前的课程改革方案及发展趋势，在总结多年教学实践经验的基础上编写而成。

本教材包含制图基本知识与基本技能、投影理论、机械制图等方面的内容，共九个章节，并另有与主要理论内容相匹配的习题集。在编制过程中，本教材既保留了经典的制图课程教学内容体系，又针对目前制图课程的教学需要对课程的内容进行了提炼、精简，使其更加适合普通高等院校工科机械类各专业制图课程，同时也适用于其他类型院校相关专业和工程技术人员的学习、培训。教师可根据不同专业的教学需要，对内容进行有针对性地选择并组织教学。

《设计制图》教材由苑国强、李庆编著，刘志通、丁宁、王华莲参与编著。各章节的具体编写情况如下：苑国强编著第七、八、九章，李庆编著第二、三、五章，刘志通参与编著绪论、第一章，丁宁参与编著第四章，王华莲参与编著第六章。

本教材在编写过程中参阅了有关资料和文献，在此对这些资料的作者表示感谢，编写中难免有错误和不足，希望广大读者批评指正。

I 绪 论

Introduction

一、课程研究对象

图形的出现是人类文明史上的重要里程碑。千百年来，图形是人们认识自然、表达和交流思想的重要工具。在工程技术领域，根据一定的投影方法和相关标准画出物体，并用数字、文字和符号标注出物体的大小、材料和制造方面的技术要求、技术说明，就得到了工程图样。

在社会生产中，无论是制造机器或建造房屋，都须先画出其工程设计图样，然后根据图样所反映的要求进行加工制造或施工、检验、调试、使用、维修等活动。

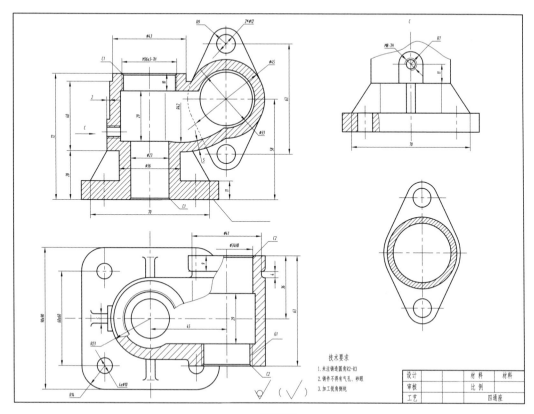

工程图样

在解决科学技术问题时，它经常被用来表达和分析自然现象、科学规律以及解决空间几何元素的定位、度量问题。同时，图样也是国内外工程技术人员进行技术交流的重要文件。因此，图样是工业生产和科技部门中不可缺少的技术文件，被喻为"工程界的语言"。本课程就是一门研究用投影法绘制机械工程图样和解决空间几何问题的理论和方法的技术基础课。

二、课程的基本任务

本课程的主要目的是培养学生以下几方面的能力：

1.掌握正投影法的基本理论及其应用。

2.绘制和阅读机械图样的基本能力，查阅常用件、标准件和技术要求等国家标准的能力。

3.空间想象能力、空间分析能力和解决空间几何问题的图解能力。

4.认真负责的工作态度、严谨细致的工作作风以及一定的自学能力，为今后专业课程的学习打下良好而扎实的基础。

三、课程特点与学习方法

本课程是一门既有系统理论，又偏重实践的技术基础课。学习内容既包含对投影理论等知识的理解，又包含绘图与看图基本技能的训练，而这两者都必须通过大量的绘图、读图练习来实现。因此，要学好本课程必须理论联系实际，多画、多想、多看，通过完成较多的习题作业来加强对投影理论和相关基本概念的理解，培养起较强的空间想象能力和绘图与读图的基本技能。此外，在学习中还应注意：

1.本课程的中心内容是讲授如何用平面图形完整、准确、简洁地表达空间形体。学习时要密切注意画在平面上的投影图形与所表达的空间形体之间的关系，由物画图，由图想物。只有通过这种经常的从空间到平面、从平面到空间的反复对照与思索，才能较快地提高空间想象力和绘图与读图的能力。

2.要熟知国家颁布的《机械制图》《技术制图》等国家标准，尤其对《机械制图》国家标准中常用的一些规定必须熟记，并在绘图实践中严格遵守。另外，还应尽可能了解一些机械制造的相关知识，这对学习本课程将很有益处。

第一章 | Chapter 1

制图基本知识与基本技能

第一节　制图国家标准的基本规定

国家标准《技术制图》(如 GB／T 14692－2008 技术制图投影法)是基础技术标准,是工程界各种技术图样的通则;国家标准《机械制图》(如 GB／T4458.6－2002 机械制图图样画法剖视图和断面图)是机械专业制图标准,它们都是绘制、识读和使用图样的准绳。因此,每个技术人员必须认真学习、掌握和遵守标准规定。

本书有关章节中编入了一些常用的制图标准,本章主要介绍制图标准的基础部分。

一、图纸幅面和格式（GB/T14689–2008）

1. 图纸幅面尺寸

为了合理地利用幅面和便于图样管理,绘制图样时,应优先选用表 1-1 中规定的图纸幅面尺寸,必要时可以选用规定的加长幅面。这些幅面的尺寸是由基本幅面的短边整数倍增加后得出的（图 1-1）。

表 1–1　图纸幅面尺寸（单位: 毫米）

幅面代号	B×L	a	c	e
A0	841×1189	25	10	20
A1	594×841			
A2	420×594			
A3	297×420		5	10
A4	210×297			

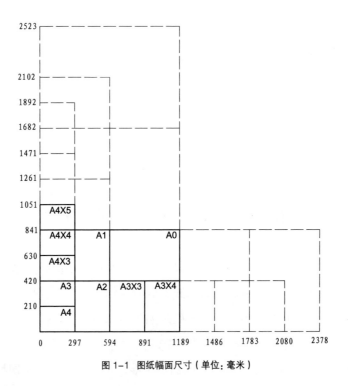

图 1-1 图纸幅面尺寸（单位：毫米）

2. 图框格式

图框格式分为不留装订边和留装订边两种，但同一产品的图样只能采用一种格式。要装订的图样，其图框格式如图 1-2，装订有横装与竖装之分。尺寸参照表 1-1 的规定，一般采用 A4 幅面竖装和 A3 幅面横装。

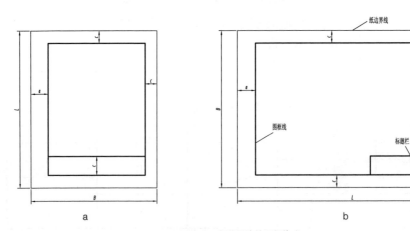

a   b

图 1-2 留装订边的图框格式

不留装订边的图样，其图框格式如图 1-3 所示。两种图框格式的图框线都必须
用粗实线绘制。

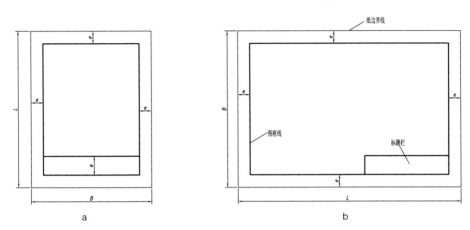

图 1-3　不留装订边的图框格式

3. 标题栏

标题栏必须配置在图框的右下角（图 1-2、图 1-3）。《技术制图　标题栏》
（GB/T10609.1-2008）中建议在制图作业中标题栏采用图 1-4 所示的格式，标题
栏的外框为粗实线，右边线和底边线与图框重合。标题栏的位置一经确定，看图
的方向也就确定了。

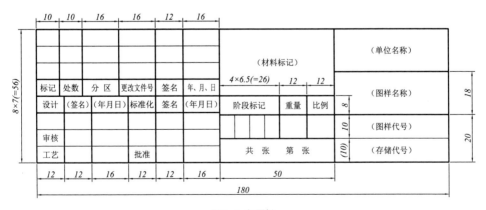

图 1-4　标题栏

二、比例（GB/T14690-1993）

比例是图中图形与实物相应要素的线性尺寸之比。绘图时，可选用表 1-2 中规定的比例。当机件很大时，可选用缩小比例绘制，一般应优先选用 1:1 的比例。绘制同一个机件各个视图时，若采用相同的比例，须填写在标题栏中比例一栏内；当视图采用不同比例时，必须在视图名称的下方或右侧标注比例。

表 1-2　比例

原值比例	1:1	
缩小比例	（1:1.5）1:2（1:2.5）（1:3）（1:4）1:5（1:6）1:1×10n（1:1.5×10n）	
	1:2×10n（1:2.5×10n）（1:3×10n）（1:4×10n）1:5×10n（1:6×10n）	
放大比例	2:1（2.5:1）（4:1）5:1（1×10n:1）2×10n:1（2.5×10n:1）	
	（4×10n:1）5×10n:1	

注：1. n 为正整数　　2. 括号内的比例尽量不选用

三、字体（GB/T14691-1993）

书写汉字、数字、字母必须做到：字体端正、笔画清楚、间隔均匀、排列整齐。

字体的号数，即字体的高度（用 h 表示）分为 8 种：1.8、2.5、3.5、5、7、10、14、20，单位为毫米。字体的宽度一般为 $h/\sqrt{2}$，各种字体的示例如下。

1. 汉字

汉字应写成长仿宋体，采用国家正式公布的简化字。长仿宋体的特点是横平竖直，注意起落，结构均匀，填满方格。图样中汉字的高度一般不应小于 3.5 毫米。

汉字字体示例：

10 号

字体端正、笔画清楚、间隔均匀、排列整齐

7 号

装配时作斜度深沉最大的小球厚直网纹均布水
平镀光研视图向旋转前后表面展开两端中心孔
锥销键

2. 数字和字母

数字和字母分 A 型和 B 型，A 型字体的笔画宽度为字高的十四分之一，B 型字体的笔画宽度为字高的十分之一。在同一图样上，只允许采用一种型式的字体。数字和字母还有直体和斜体两种形式。一般采用斜体，斜体字字头向右倾斜，与水平基准线呈 75 度角。用作指数、分数、极限偏差等的数字和字母，一般采用小一号字体。

数字和字母字体示例：

阿拉伯数字示例

A 型字体（斜体）

罗马数字示例

A 型字体（斜体）

拉丁字母示例

B 型字体（大写斜体）

B 型字体（小写斜体）

希腊字母示例

B 型字体（小写斜体）

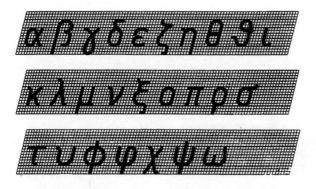

综合应用示例：

10JS5(±0.003)　M24-6h

Φ25 H6/m5　　II/2:1　　B-B/5:1

6.3/▽　R8　5%　▽3.50

四、图线及其画法

1. 图线型式（GB/T 17450-1998，GB/T 4457.4-2002）

《技术制图 图线》（GB/T 17450-1998）规定了 15 种基本线型。此标准适用于各种技术图样，各专业通常根据此标准制定相应的图线标准供工程人员选用。

目前，我国的机械制图采用国标《机械制图 图样画法 图线》（GB/T4457.4-2002）中规定的图线。每种图线除名称外，都有一相应代号。表 1-3 中仅列出了 8 种图线的名称、型式、宽度及其在图样上的应用方式。

表 1-3　线型及应用

图线名称	线型	线宽	一般应用
粗实线	 ▬▬▬▬▬	d	A1 可见轮廓线 A2 可见过渡线
细实线	 ────────	d/2	B1 尺寸线及尺寸界线 B2 剖面线 B3 重合断面的轮廓线 B4 螺纹的牙底线及齿轮的齿根线 B5 指引线和基准线 B6 范围线及分界线 B7 弯折线 B8 辅助线 B9 不连续的同一表面连线 B10 成规律分布的相同要素连线
波浪线	 ～～～～	d/2	C1 断裂处边界线 C2 视图与剖视图的分界线
双折线	 ─╱╲─╱╲─	d/2	D1 断裂处边界线 D2 视图与剖视图的分界线
细虚线	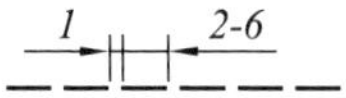 ─ ─ $\overset{1}{\vert}$ ─ $\overset{2\text{-}6}{\vert}$ ─ ─	d/2	F1 不可见轮廓线 F2 不可见过渡线
细点画线	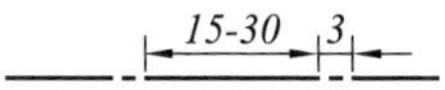 ──── · $\overset{15\text{-}30}{\vert}$── $\overset{3}{\vert}$ · ────	d/2	G1 轴线 G2 对称中心线 G3 轨迹线 G4 分度圆（线） G5 剖切线
粗点画线	▬▬ ▪ ▬▬ ▪ ▬▬	d	J1 限定范围表示线
细双点画线	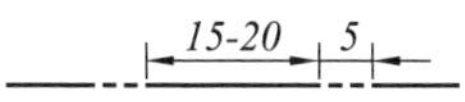 ─── · · $\overset{15\text{-}20}{\vert}$── $\overset{5}{\vert}$ · · ───	d/2	K1 相邻辅助零件的轮廓线 K2 可动零件的极限位置的轮廓线 K3 毛坯图中制成品的轮廓线 K4 假想投影轮廓线 K5 工艺用结构的轮廓线 K6 中断线

在同一图样中，同类图线的宽度应一致。在机械图样中，图线的宽度分粗、细两种，它们的宽度比为 2:1。图线的宽度（d）根据图的大小和复杂程度，在 0.5 毫米至 2 毫米之间选择。图线宽度的推荐数值为 0.25 毫米、0.35 毫米、0.5 毫米、0.7 毫米、1 毫米、1.4 毫米、2 毫米。图 1-5 为图线应用示例。

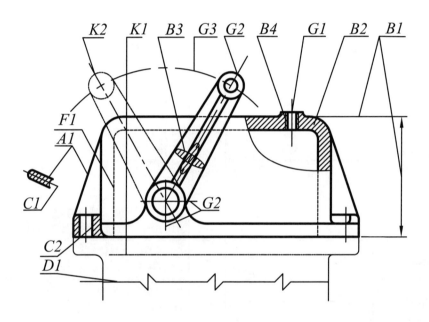

图 1-5　图线应用示例

2. 图线画法要点

（1）同一图样中，同类图线的宽度应基本一致。虚线、点画线和双点画线的线段长度和间隔应各自大致相等。

（2）两条平行线（包括剖面线）之间的距离应不小于粗实线的两倍宽度，其最小距离不得小于 0.7 毫米。

（3）绘制圆的对称中心线时，圆心应为线段的交点，点画线和双点画线的绘制有困难时，可用细实线代替（图 1-6）。

（4）对称图形的对称中心线一般应超出图形外 5 毫米左右。超出量在整幅图样中应基本一致。

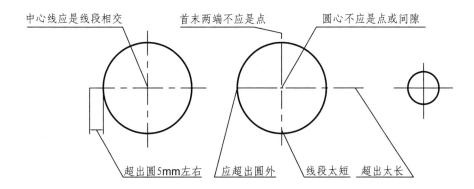

图 1-6　中心线的画法

（5）虚线、点画线与其他图线相交时，应在线段处相交，而不应在间隙处相交（图 1-7）。

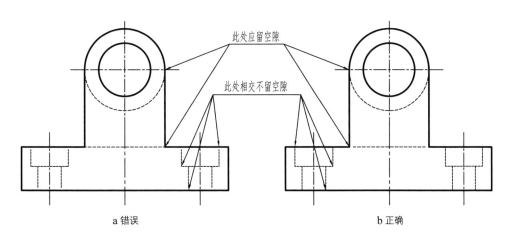

图 1-7　虚线、点画线的画法

五、尺寸标准（GB/T4458.4-2003）

在图样上标注尺寸时，必须严格按制图标准中有关尺寸注法的规定进行。

1. 基本规则

（1）机件的真实大小应以图样上标注的尺寸数值为依据，与图形的大小和绘图的准确度无关。

（2）图样中（包括技术要求和其他说明）的尺寸以毫米为单位时，不需要标注单位符号或名称，若采用其他单位，则应注明相应的单位符号。

（3）机件的每一个尺寸，一般只标注一次，并应标注在反映该结构最清晰的图形上。

（4）图样中标注的尺寸为该图样所示机件的最后完工尺寸，否则应另加说明。

2.尺寸要素

图样上标注的尺寸，一般应由尺寸界线、尺寸线及其终端、尺寸数字组成，如图 1-8 所示。

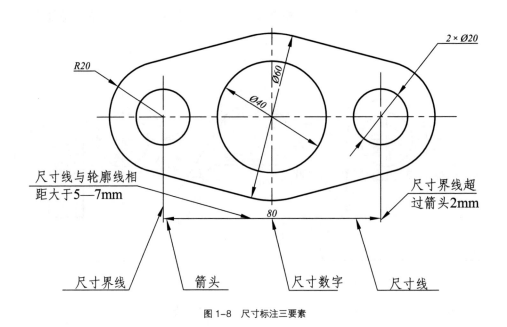

图 1-8　尺寸标注三要素

（1）尺寸界线用细实线绘制，并应由图形的轮廓线、轴线或对称中心线处引出，也可利用轮廓线、轴线或对称中心线作尺寸界线。

（2）尺寸线用细实线绘制，尺寸线不能用其他图线代替，一般也不得与其他图线重合或画在其延长线上。标注线性尺寸时，尺寸线必须与所注的线段平行。尺寸线的终端有下列不同形式：

① 箭头的形式（图 1-9a），d 为粗实线的宽度，它适用于各种类型的图样。

② 斜线的形式，斜线用细实线绘制，其方向和画法如图 1-9b 所示，h 为字体高度。当采用该终端形式时，尺寸线与尺寸必须相互垂直。

同一张图样中只能采用一种尺寸线终端的形式。机械图样中一般采用箭头作为尺寸线的终端形式。采用箭头形式时，若绘制空间不够，允许用圆点或斜线代替箭头（图 1-9c）。

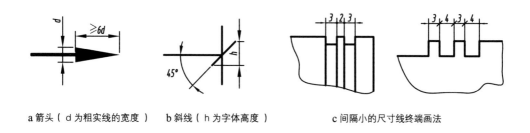

a 箭头（d 为粗实线的宽度）　　　b 斜线（h 为字体高度）　　　　c 间隔小的尺寸线终端画法

图 1-9　尺寸线终端的形式

（3）线性尺寸数字一般标注在尺寸线的上方，也允许注写在尺寸线的中断处，同一张图样上尽可能采用一种数字注写方法。尺寸数字不可被任何图线通过，当不可避免时，必须把图线断开，如图 1-10 所示。

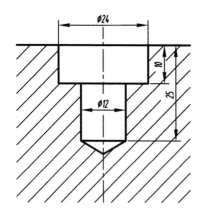
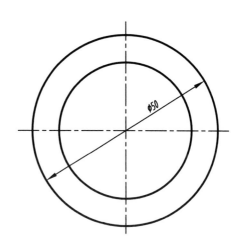

图 1-10　尺寸数字注写方法

3. 尺寸注法示例，见表1-4。

表1-4

标注内容	说　明	示　例
线性尺寸的数字方向	尺寸数字应按照左图所示方向注写，并尽可能避免在图示30°角范围内标注尺寸，当无法避免时，可按照右图的形式标注。	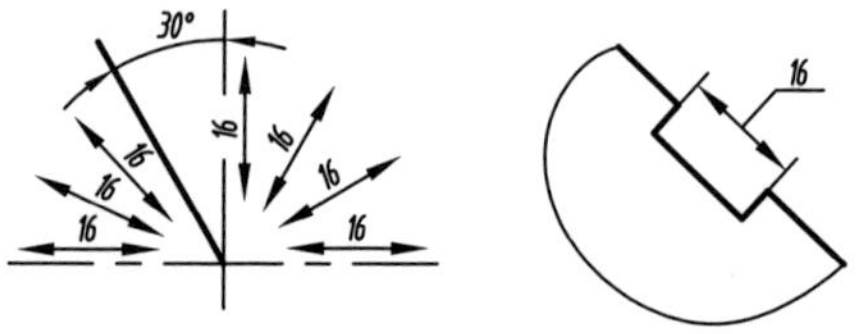
角度	尺寸数字一律水平书写，尺寸界线应沿径向引出，尺寸应画成圆弧，圆心是角的顶点。一般注在尺寸线的中断处，必要时允许写在外面或引出标注。	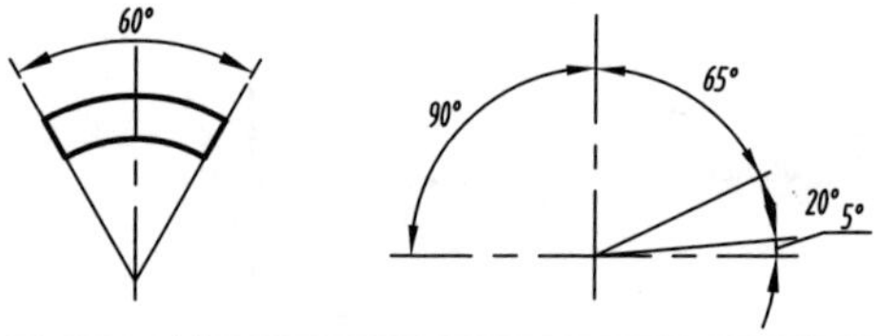
圆	标注圆的直径尺寸时，应在尺寸数字前加注符号"∅"，尺寸线一般按这两个图绘制。	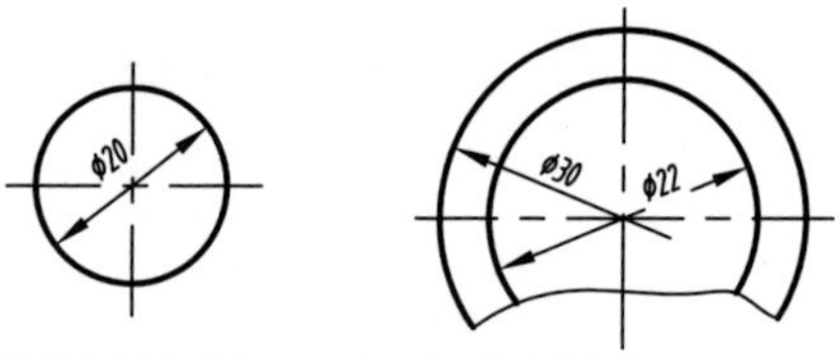
圆弧	标注半径尺寸时，在尺寸数字前加符号"R"，半径尺寸一般按照这两个图例所示方法标注。尺寸线应通过圆心。	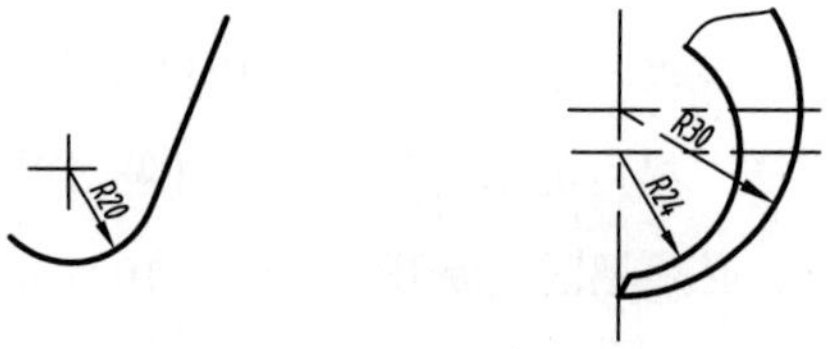
大圆弧	在图纸范围内需标示出圆心位置时，可按左图标注；不需标出圆心位置时，可按右图标注。	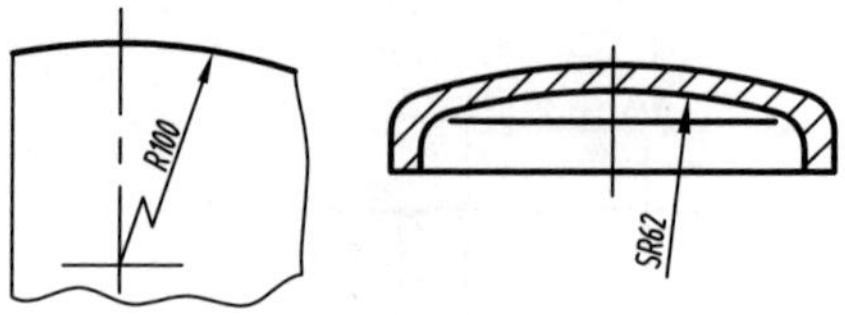
小尺寸	没有足够绘制空间时，箭头可画在外面，或用小圆点代替两个箭头，尺寸数字也可写在外面或引出标注。小尺寸的圆和圆弧，可按这些图例进行标注。	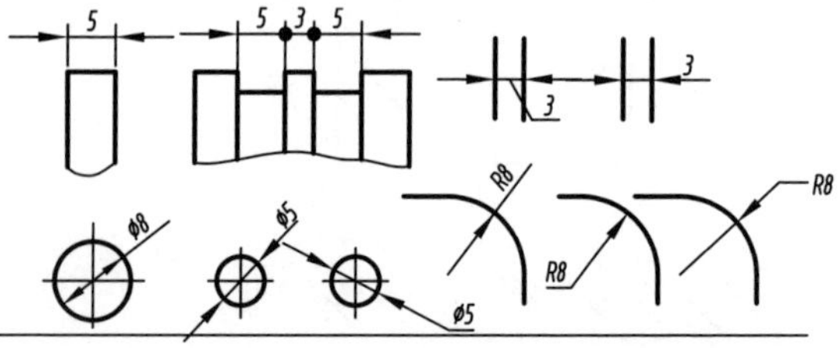
球面	球面标注时，应在∅或R前加注"S"，不致引起误解时，则可省略"S"，如右图的右端球面。	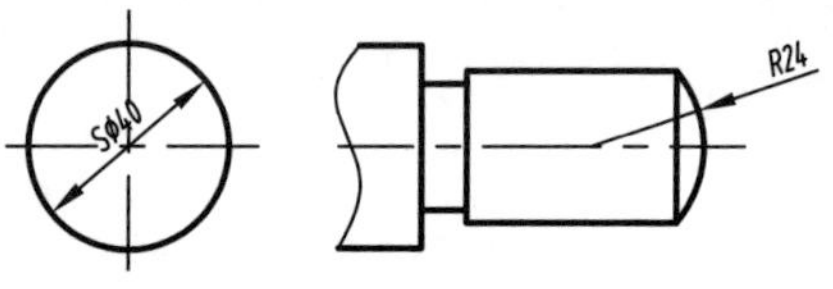

（续表）

标注内容	说　明	示　例
弧长和弦长	标注弦长时，尺寸线应平行于该弦，尺寸界线应平行于该弦的垂直平分线；标注弧长尺寸时，尺寸线用圆弧，尺寸数字左边应加注符号"⌒"。	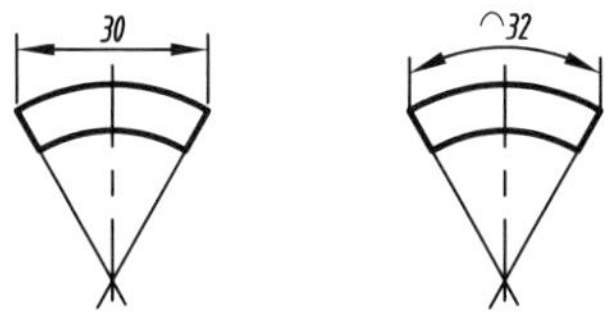 30　　　⌒32
对称机件只画出一大半或大于一半时	尺寸线应略超过对称中心线或断裂处的边界线，仅在尺寸界线一端画出箭头。图中在对称中心线两端画出的两条与其垂直的平行细实线是对称符号。	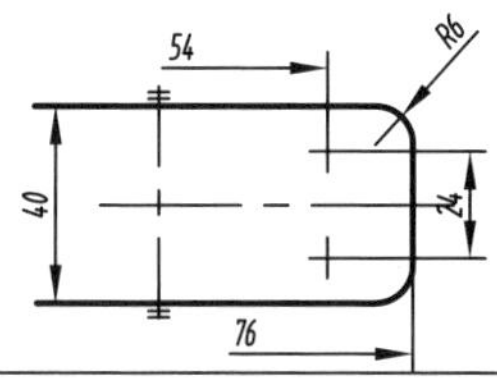 54　　R6　40　24　76
光滑过渡处	在光滑过渡处，必须用细实线将轮廓线延长，并从它们的交点引出尺寸界线。尺寸界线如垂直于尺寸线，则图线很不清晰，所以允许倾斜。	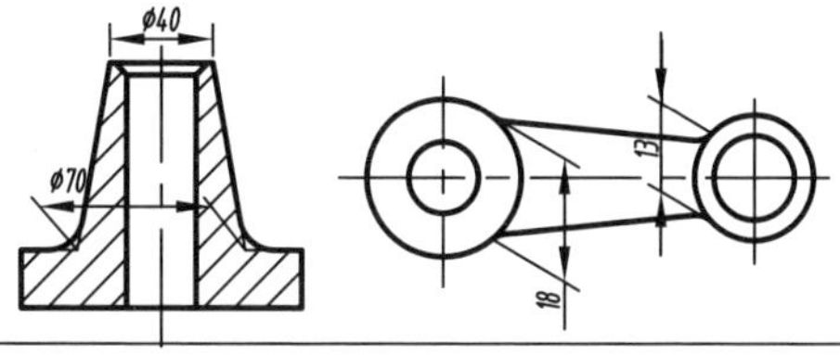 ⌀40　⌀70　13　18
正方形结构	剖面为正方形时，可在尺寸数字前加注符号"□"，"14×14"可代替"□14"，图中相交的两条细实线是平面符号。	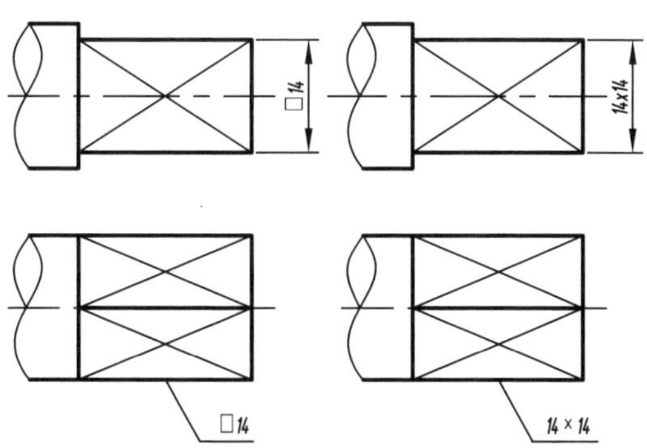 □14　14×14　□14　14×14
均布的孔	均匀分布的孔，可按左图标注。当孔的定位和分布情况在图中已明确时，允许省略其定位尺寸和"均布"两字。图中的8×⌀6，⌀6表示孔的直径，8为孔的个数。	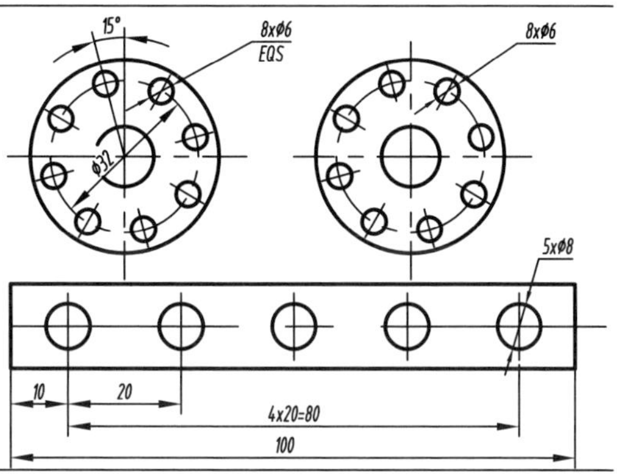 15°　8×⌀6 EQS　⌀32　8×⌀6　5×⌀8　10　20　4×20=80　100

第二节　几何作图

表达物体形状的图样是由各种不同的几何图形组成的。下面介绍几种常用的几何图形的作图方法。

一、等分圆周或作正多边形

机械图样中，常会遇到等分圆周的作图问题，如绘制六角螺母、手轮等。等分圆周有时可用三角板、丁字尺直接作出来，有的必须借助其他作图方法。

1. 六等分圆周或作正六边形

根据已知直径 d 画圆，然后将 60°、30° 三角板的短直角边紧贴丁字尺，并使其斜边分别通过 A 点和 D 点作直线 AB 和 DE，再翻转三角板用同样方法画直线 AF 和 CD，这样，圆周就被六等分了（图 1-11a）。连接点 B、C 和点 E、F，就可得到内接正六边形 ABCDEF。

根据正六边形的边长等于其外接圆半径的原理，也可用圆规直接找出六边形的六个顶点。作图过程如图 1-11b 所示。

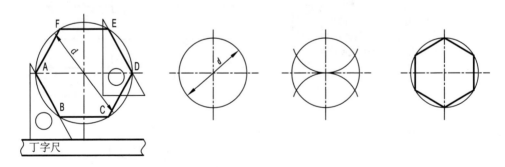

a 用三角板和丁字尺画正六边形　　　　　　　　　　b 用圆规画正六边形

图 1-11　内接正六边形的画法

2. 五等分圆周或作正五边形（图 1-12）

(1) 根据已知直径 d 画圆，过圆心画相互垂直的中心线 AB 和 CD。

(2) 平分 OA 得中点 M。

(3) 以 M 为圆心，MC 为半径画圆弧与 AB 相交于 N，则 CN 即为内接正五边形的边长。

（4）以 CN 之长在圆周上从点 5 起截取 1、2、3、4 等点，连接点 5、1、2、3、4 即得圆的内接正五边形。

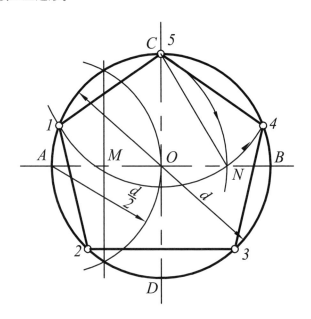

图 1-12　内接正五边形的画法

二、斜度和锥度作图及标注

1. 斜度

斜度是一直线（或平面）对另一直线（或平面）的倾斜度，其大小用这两条直线夹角（或两个平面夹角）的正切来表示。在图 1-13 中，BC 的斜度 =tan α =H/L，在图样中用∠ 1：n 来标注。斜度符号的画法见图 1-14，h 为字体高度。

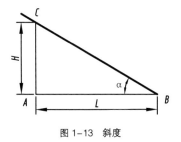

图 1-13　斜度

图 1-14　斜度符号的画法

图 1-15a 为斜度 1∶5 的画法与标注，作图时先取 AD 作为一个单位长度，再取 AB 等于 5 个单位长度，连接 BD 即得到斜度为 1∶5 的斜度线。图 1-15b 为斜度标注示例。注意斜度符号的方向应与斜度方向一致。

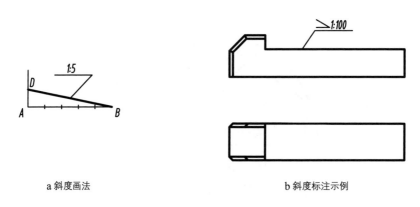

a 斜度画法   b 斜度标注示例

图 1-15　斜度的画法及标注

2. 锥度

正圆锥体的锥度指锥体底圆直径与其高度之比。截头正圆锥（圆台）的锥度为其上、下底圆直径之差与圆台高之比（图 1-16），即截头正圆锥的锥度 =（D − d）/ l=2tan（α/2），其中 α 为锥角。锥度在图样上用 1∶n 形式符注。锥度符号的画法见图 1-17，h 为字体高度。

图 1-18 为锥度标注示例。锥度符号的方向应与圆锥方向一致。

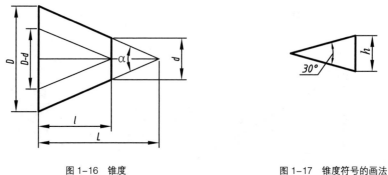

图 1-16　锥度   图 1-17　锥度符号的画法

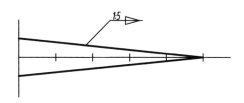

图 1-18 锥度标注

三、圆弧连接

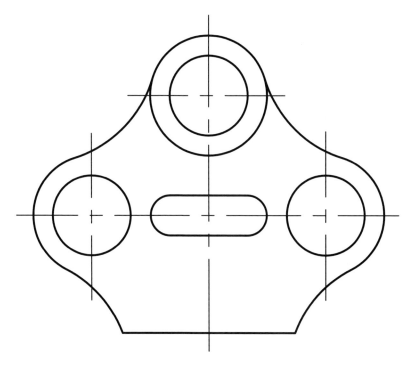

图 1-19 圆弧连接实例

图 1-19 中，图形的轮廓线是由直线和圆弧、圆弧和圆弧连接起来的。所谓圆弧连接，是指用一圆弧光滑连接相邻两线段（或圆弧）的作图方法。

圆弧连接有 3 种基本形式：

（1）用圆弧连接两条已知直线。

（2）用圆弧连接已知直线和已知圆弧。

（3）用圆弧连接两已知圆弧。

圆弧连接作图的关键在于，找出连接圆弧的圆心位置及与两条被连接线段连接处的切点位置。表 1-5 为已知圆弧半径为 R 的三种连接形式的作图方法。

表 1-5

连接要求	作图方法和步骤		
	求圆心 O	求切点 m、n	画连接圆弧
连接相交两直线			
连接一直线和一圆弧			
外接两圆弧			
内接两圆弧			

第三节　平面图形的尺寸和线段分析

平面图形一般都是由若干线段（直线或曲线）连接而成，要正确绘制一个平面图形，首先必须对平面图形进行尺寸分析和线段分析，弄清哪些线段尺寸齐全，可以直接画出来，哪些线段尺寸不全，需通过作图才能画出。

一、平面图形的尺寸分析

图形中的尺寸按其作用不同，可分为定形尺寸和定位尺寸两类。

1. 定形尺寸

定形尺寸是确定平面图形各部分形状大小的尺寸，如线段的长度、角度的大小以及圆或圆弧的直径或半径的尺寸数据。图 1-20 中，尺寸 152、$\phi 30$、R35 和 R12 都是定形尺寸。

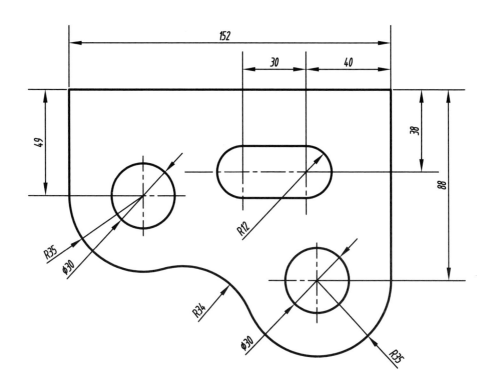

图 1-20　平面图形的尺寸与线段分析

2. 定位尺寸

定位尺寸是确定图形各部分之间相对位置的尺寸数据。图 1-20 中，尺寸 40、30、38、88 和 49 都是定位尺寸。

二、平面图形的线段分析

根据给定的定形尺寸和定位尺寸是否齐全，可将图形中的线段分为已知线段和连接线段。

1. 已知线段

定形尺寸和定位尺寸标注齐全，作图时可以根据尺寸直接画出来的线段，称为已知线段。图 1-20 中 φ30 的圆、R12 和 R35 的圆弧、152 的直线等是已知线段。

2. 连接线段

只给出定形尺寸而定位尺寸不全，需借助作图才能画出的线段称为连接线段。若圆弧只知半径，而圆心的两个定位尺寸只知道一个或两个都不知道，作图时需借助其他条件确定圆心位置才能画出圆弧，这样的圆弧称为连接弧，如图 1-20 所示 R34 的圆弧和 30 的直线等。

分析图形中尺寸的作用，确定线段的性质，从而得到正确的作图步骤，这是分析平面图形的目的。画图时，先画出图形的基准线，再画出各已知线段，然后画连接线段。画连接线段时，还要分清各连接线段的先后顺序。现以手柄的画法为例，说明平面图形的作图步骤（图 1-21）。注意图中的两个连接圆弧应先画 R52，后画 R30。

b 画出连接圆弧R52，使之与相距为26的两条范围线相切，并和R6的圆弧内切。

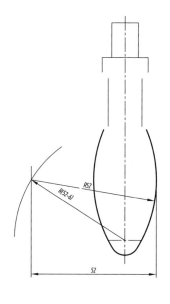

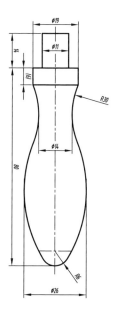

a 画出已知线段（如R6的圆弧等）以及相距为14和26的范围。

c 画出连接圆弧R30，使之与相距为14的两条范围线相切，并和R52的圆弧外切。

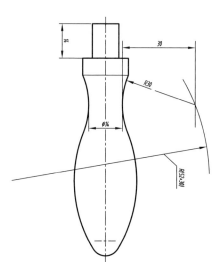

图1-21　手柄的作图步骤

第二章 | Chapter 2
投影与视图的基本知识

第一节　投影法简述

一、投影法

　　在光线的照射下，物体会在地面或墙壁上投射出影子。人们对这种现象加以研究，总结其中的规律，提出用投影来表达物体的方法。投射线通过物体，向选定的面投射，并在该面上得到图形的方法称为投影法。

　　工程上常用的投影法有中心投影法（图 2-1a）和平行投影法（投射中心位于无穷远处，图 2-1b）。投影法中，得到投影的面称为投影面，所有投射线的起源点称为投射中心，发自投射中心且通过被表示物体上各点的直线称为投射线，根据投影法得出的图形称为投影（投影图）。在平行投影法中，当互相平行的投射线与投影面相倾斜时，称为斜投影法；当互相平行的投射线与投影面相垂直时，称为正

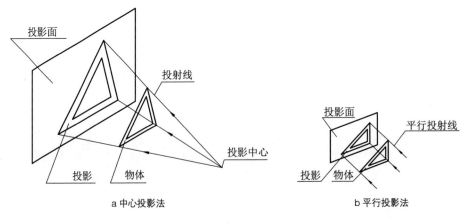

a 中心投影法　　　　　　　　　b 平行投影法

图 2-1　投影法

投影法。当物体上的平面平行于投影面时，该平面的正投影能反映出它的真实形状和大小，这是正投影的特点，也是它的优点。因此，工程上多用正投影法绘制机械图样。用正投影法绘制机械图样时，机械图样的正投影图也称为视图。

二、正投影的基本性质

工程中遇到的物体，形状千差万别。仔细观察会发现，每个物体的表面都是由线和面所组成。因此，物体的投影就是组成物体的线和面的投影总和。研究正投影（以下简称投影）的基本性质，主要是研究线和面（特别是直线、平面）的投影特性。

（1）实形性。当空间直线或平面与投影面平行时，其投影反映实长或实形。如图 2-2a 中直线 AB 的投影 ab，图 2-2b 中平面 ABC 的投影 abc。

（2）积聚性。当空间直线或平面（或柱面）与投影面垂直时，则直线的投影积聚为一个点，平面的投影积聚为一条直线，柱面的投影积聚为一条曲线，如图 2-3 所示，直线 DE 的投影 d（e）以及平面 ABC 的投影 abc 均为积聚性投影。

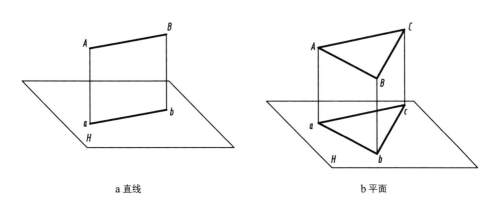

a 直线   b 平面

图 2-2 实形性

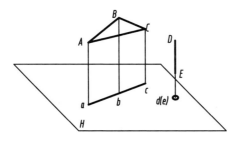

图 2-3 积聚性

（3）类似性。当空间直线或平面与投影面相倾斜时，直线的投影仍为直线，但长度变短了；平面的投影仍为类似形，但面积变小了。如图 2-4a 中，直线 AC 的投影 ac；图 2-4b 中，△ABC 的投影△abc。

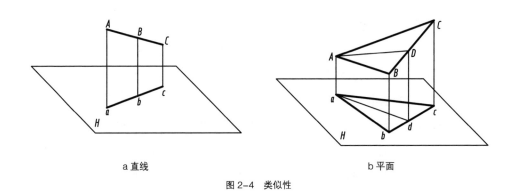

a 直线　　　　　　　　　　　　　b 平面

图 2-4　类似性

第二节　三视图的基本原理

一、三视图的形成

一个视图不能表达物体的全貌。如图 2-5 所示，将两个不同的物体向投影面 V 投射，得到的视图完全相同。因此，通过该视图不能辨别它表示的是哪一个物体。要呈现出某个物体的全部面貌，就必须从不同的方向进行投射，画出不同方向上

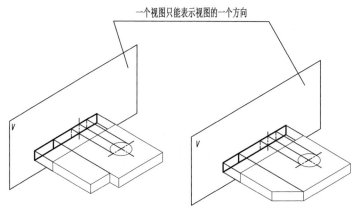

图 2-5　物体的一个视图

的几个视图。机械图常采用三视图表达物体的形状。一般物体都具有长、宽、高三个互相垂直的方向，因此，我们首先要在空间中设立三个互相垂直的投影面：正面 V、水平面 H 和侧面 W。以图 2-6a 为例，将压板放在投影面之间，使其主要表面分别平行于三个投影面，然后将它分别向三个投影面投射，就得到了压板的三视图。

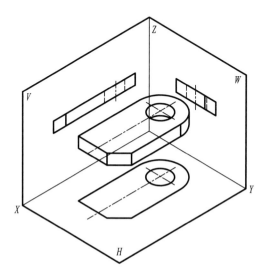

a 物体向三个互相垂直的投影面投影

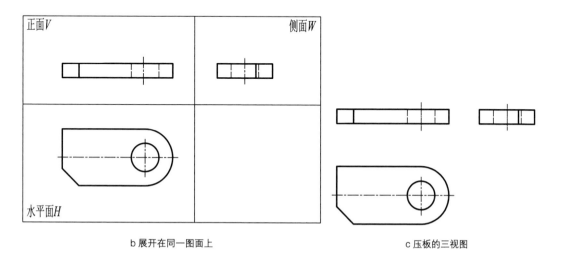

b 展开在同一图面上

c 压板的三视图

图 2-6 压板三视图的形成

这种将物体置于第一分角内并使其处于观察者与投影面之间得到的多面正投影，称为第一角投影（第一角画法）。其中包括：主视图——自物体的前方向后投射在 V 面上得到的视图，俯视图——自物体的上方向下投射在 H 面上得到的视图，左视图——自物体的左方向右投射在 W 面上得到的视图。

为了能在同一张图纸上画出三视图，国家标准规定：V 面不动，H 面绕 OX 轴向下旋转 90° 与 V 面合并，W 面绕 OZ 轴向右旋转 90° 与 V 面合并，如图 2-6b 所示。以主视图为基准，俯视图配置在主视图的下方，左视图配置在主视图的右方。向基本投影面投射得出的这三个基本视图在机械图中最常用，通常称三视图。

画图时，投影面边框和投影轴一般不画出，当各视图按基本视图配置时，可不标注视图的名称，最后画出的三视图如图 2-6c 所示。

二、三视图之间的投影关系

图 2-6 所示物体的三视图，反映出物体长、宽、高三个方向的尺寸大小。每个视图只能反映出两个方向的大小，如主视图反映物体压块的长度和高度，左视图反映它的宽度和高度，俯视图反映它的长度和宽度。按照三视图配置的关系，可归纳出以下三条投影规则（图 2-7）：

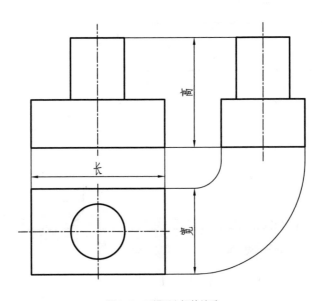

图 2-7　三视图之间的关系

（1）主视图和俯视图都反映物体的长度，且长对正。

（2）主视图和左视图都反映物体的高度，且高平齐。

（3）俯视图和左视图都反映物体的宽度，且宽一致。

"长对正、高平齐、宽一致"是三视图的投影规律，对于物体的整体如此，对于物体上的每个部分甚至任何一点都如此，画图和看图都应严格遵守。

三、三视图反映物体的位置关系

物体有上、下、左、右、前、后六个方向的位置关系，每个视图仅能反映四个方向的位置关系。如图 2-8 中：主视图反映上、下、左、右的相对位置，俯视图反映左、右、前、后的相对位置，左视图反映上、下、前、后的相对位置。这些关系归纳如下：

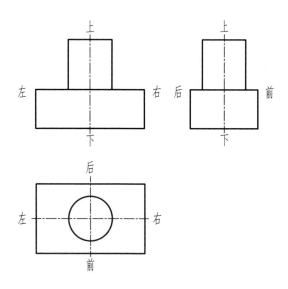

图 2-8 三视图反映物体位置关系

（1）主、左视图分上下。

（2）主、俯视图显左右。

（3）俯、左视图定前后。

根据上述关系，就可以在视图上分析物体各部分的相对位置了。

四、视图中图线及线框的含义

依据正投影法画物体的视图，就是把组成物体的每个表面和轮廓线用图线画出来（可见轮廓用粗实线画，不可见轮廓用虚线画）。因此，物体表面上的线、面与视图中的图线、线框有着一一对应关系。

1. 视图中每一条粗实线（或虚线）的含义（图 2-9）

（1）物体上垂直于投影面的平面或曲面的投影。

（2）物体上曲面转向轮廓线的投影。

（3）物体上表面交线的投影。

视图中的点画线，一般表示物体的中心线和图形的对称线。

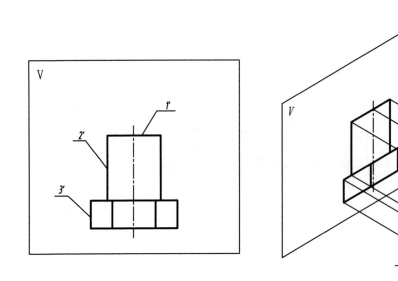

图 2-9 视图中图线的含义

2. 封闭线框的含义

视图中的每个封闭线框（包括虚线线框或虚线与粗实线共同构成的线框），一般情况下都表示物体上的一个平面或曲面的投影。相邻的两个线框则表示物体上相交的两个面或不同位置的两个面的投影，如图 2-10 所示。

关于转向轮廓线。图 2-11 所示，当曲面向某投影面投射时，切于该曲面的一条投射线所构成的投射面与该曲面相切，这条切线称为曲面对投影面的转向轮廓线

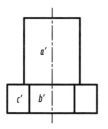
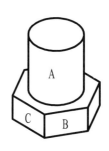

a′-前半个圆柱面的投影
b′-六棱柱正前面的棱面投影
c′-六棱柱前左面的棱面投影

图 2-10　视图中线框的含义

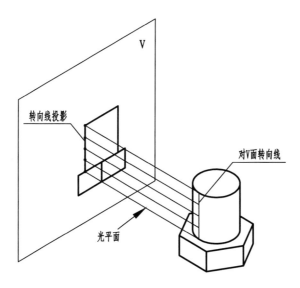

图 2-11　转向轮廓线

（简称转向线）。而投射面与投影面的交线即转向轮廓线在该投影面上的投影。

转向轮廓线的特征：

（1）在一投射方向上，它是物体曲面可见与不可见部分的分界线。

（2）转向轮廓线是对某一投影面而言，仅在该投影面上画它的投影，而在其他的投影面上不画。

第三节　物体三视图的一般画法

根据物体的模型或立体图画其三视图时，一般的方法步骤如下（图 2-12）：

（1）将物体按自然位置放正（尽量使物体上的平面平行于某投影面）。选择形体主要特征明显的方向为主视图的投射方向。

（2）用点画线和细实线画出各视图的作图基准线。

（3）用细实线、虚线，按先大后小、先整体后局部的次序画物体各个组成形体的三视图。

（4）底稿图画完后要检查、修正错误，清理图面，按图线要求描深。

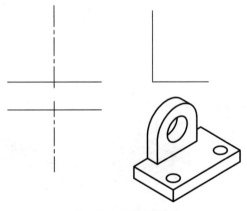

a 选主视图，画作图基准线

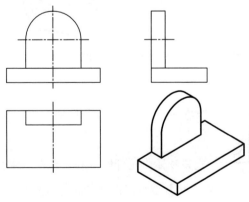

b 画底板的三视图

图 2-12a　画物体三视图示例

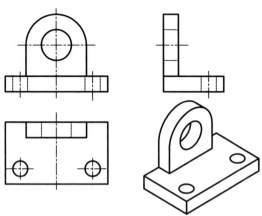

c 画竖板的三视图

d 画底板和竖板上的孔

e 检查、修正，按图线要求描深

图 2-12b　画物体三视图示例

立体表面交线

第一节　立体的分类

由若干个面围成的具有一定几何形状和大小的空间形体称为立体。画出立体上所有表面的投影即得立体的视图。立体表面上取点、取线的作图法是求立体表面交线的基础。

立体可分为平面立体和曲面立体两类。立体表面全部由平面围成，则称为平面立体。最基本的平面立体有棱柱和棱锥（图 3-1a、图 3-1b）。立体表面全部由曲面或由曲面与平面所围成，则称为曲面立体。最基本的曲面立体有圆柱、圆锥、圆球、圆环和一般回转体等（图 3-1c—图 3-1f）。

在工程制图中，通常把棱柱、棱锥、圆柱、圆锥、圆球、圆环等立体称为基本几何体。

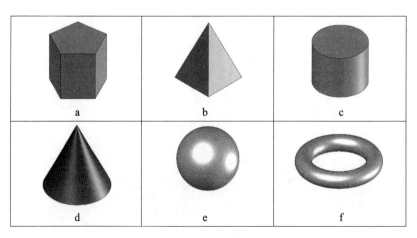

图 3-1　立体的分类

第二节　平面立体三视图及其表面上点的投影

一、棱柱

1. 棱柱三视图

棱柱是由棱面和上、下底面围成的平面立体，相邻棱面的交线称为棱线。图 3-2 所示为正六棱柱，棱线垂直于 H 面，顶、底两面平行于 H 面，前、后两棱面平行于 V 面。

正六棱柱三视图画图步骤如下（图 3-2）：

（1）用点画线画出作图基准线。其中主视图与左视图的作图基准线是正六棱柱的轴线，俯视图作图基准线是底面正六边形外接圆的中心线（图 3-2a）。

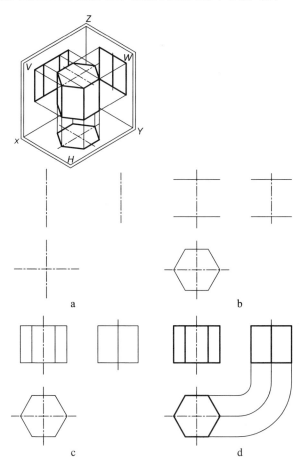

图 3-2　正六棱柱三视图的画图步骤

（2）画正六棱柱的俯视图（正六边形各边为棱面的积聚性投影），并按棱柱高度在主视图和左视图上确定顶、底两个面的投影（图 3-2b）。

（3）根据投影关系完成各棱线、棱面的主、左视图（图 3-2c）。

（4）按图线要求描深各图线（图 3-2d）。

2. 棱柱表面上点、线的投影

在平面立体表面上取点实际就是在平面上取点。线是点的集合，先作出线上各端点的投影，再依次连接这些点的同面投影，就得到线的各面投影。

如图 3-3 所示，在三棱柱的棱面 ABB_1A_1 上有一 K 点，其 V 面投影 k′ 为已知，求作 K 点的 H 面和 W 面投影 k、k″。作图过程是：先过 k′ 向下作投影连线，与 ABB_1A_1 的 H 面投影交于 k；再过 k′ 向右作投影连线，并在投影连线上截取 K 点到后棱面的相对 Y 坐标（$Y_H = Y_W$），则得 k″；最后判别可见性，由于 K 点在左棱面上，它相对 V、W 面都是可见的。

如图 3-4 所示，已知三棱柱面上的折线 MKN 的正面投影 m′k′n′，求该线的 H、W 面投影。作图过程是：先作出垂直面 ABB_1A_1 上点 M 的水平投影 m，再由 m′ 和 m 求作 m″。同理，由 n′ 作 n，再作出 n″。因为分界点 K 在棱线上，所以直接求出 k 和 k″。

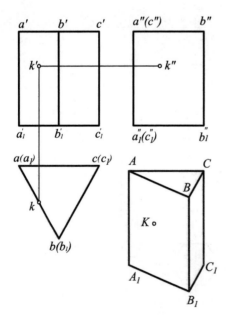

图 3-3　棱柱表面上点的投影

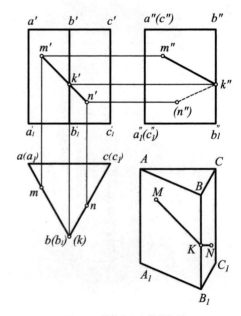

图 3-4　棱柱表面上线的投影

二、棱锥

1. 棱锥的三视图

棱锥由棱面和底面围成，棱线汇交于一点（锥顶点）。图 3-5 所示四棱锥底面平行于 H 面，四条交汇的棱线是投影面的倾斜线。

四棱锥三视图画图步骤如下（图 3-5）：

（1）画出作图基准线（图 3-5a）。

（2）确定锥顶的 V、W 面投影，并画出底面（矩形）的 H 面投影（图 3-5b）。

（3）根据投影关系完成各棱线、锥面的主、左视图（图 3-5c）。

（4）按图线要求描深各图线（图 3-5d）。

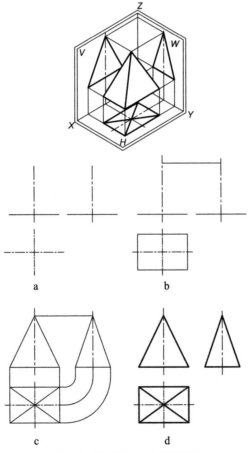

图 3-5　四棱锥三视图的画图步骤

2.棱锥表面上点的投影

例如，三棱锥面上有一 K 点（图 3-6b），已知其 V 面投影 k′（图 3-6a），求其余两个投影。应先在棱面 SAB 的 V 面投影 s′a′b′ 中过 k′ 任意作一辅助线 e′f′，由 e′f′ 向 W 面引投影连线得 e″f″，然后根据三面投影的关系在 H 面投影中画出 ef。再由 k′ 分别向下、向右引投影连线即得 k 及 k″。在此应注意，f 点位置的确定是自 W 投影中量取 $Y_H = Y_W$ 得到的。如果过 K 点作辅助线 MN 平行于 AB（图 3-6c），则作图更为简便。

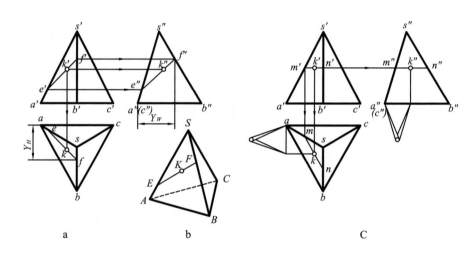

图 3-6　棱锥表面上点的投影

第三节　曲面立体及其表面上点的三视图

一、圆柱

1.圆柱的三视图

圆柱由圆柱面和上、下两端面围成，圆柱面由母线 II 绕和它平行的轴线 OO 回转而成，轴线 OO 称为回转轴，圆柱面上任意位置的母线称为素线，如图 3-7 所示。

圆柱三视图的画图步骤如图 3-8 所示：

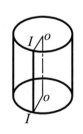

图 3-7　圆柱体的形成

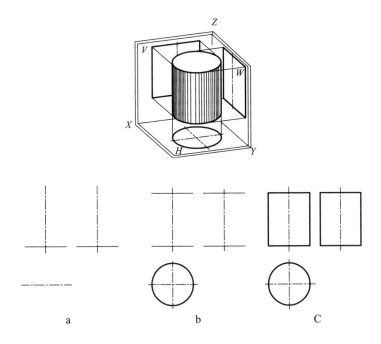

图 3-8　圆柱三视图的画图步骤

（1）用细点画线画作图基准线（图 3-8a）。其中，主视图和左视图的作图基准线为圆柱的轴线，俯视图的作图基准线为圆柱底面圆的中心线。

（2）从投影为圆的视图开始作图。先画俯视图（圆柱面积聚性投影为圆），并确定上、下两端面在 V 面、W 面中的投影位置（图 3-8b）。

（3）画出圆柱面在 V、W 面上的转向轮廓线的投影。最后描深（图 3-8c）。

2. 圆柱表面上点、线的投影

绘制曲面立体表面上点的投影，一般需通过作辅助素线或辅助圆的方法解决。绘制圆柱面上点的投影，须先在圆柱上过该点作辅助素线，然后在素线的各面投影上取点的同面投影。图 3-9 中已知圆柱面上 M 点的 V 面投影 m'，其 H 面投影 m，可自 m' 向下引投影线直接得到，而求 W 面投影 m''，则需先画出过 M 点的素线 Ⅱ 的 W 面投影 $I''I''$（$I''I''$ 的位置应由 $Y_W = Y_H$ 确定），然后由 m' 引投影连线得到。又如，N 点在圆柱面的最右素线上，也就是对 V 面的转向轮廓线上，它的 W 面投影 n'' 重影在该圆柱轴线的 W 面投影上。因不可见，加括号（n''）。

曲面立体表面上线的投影是通过求线上点的投影，然后依次光滑连线得到的。

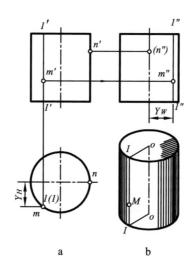

图 3-9　圆柱表面上点的投影

线的投影的一般作图过程为：

（1）求出线上特殊点的投影。特殊点包括确定线的空间范围的点、位于曲面转向轮廓线上的点以及线的可见部分与不可见部分的分界点。

（2）求若干个一般点的投影。

（3）依次光滑连接各个点的投影，形成线的相应投影（可见连线画粗实线，不可见连线画虚线）。

如图 3-10 所示，已知圆柱面上曲线的 V 面投影，求作该线的 H、W 面投影。

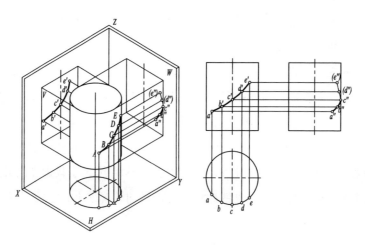

图 3-10　圆柱表面上线的投影

其作图过程是：先在该曲线的 V 面投影上标出端点 a′、e′ 及 W 面可见部分与不可见部分的分界点 c′ 和一般点 b′、d′；再在圆柱面的积聚性水平投影圆上作出这些点的水平投影 a、b、c、d、e，按点的三面投影规律求作 a″、b″、c″（d″）和（e″）。最后依次连接各点的 W 面投影（不可见部分画虚线）。

二、圆锥

1. 圆锥的三视图

圆锥由圆锥面和底面围成。圆锥面由直母线 SA 绕与它相交的轴线 SO 回转而成，如图 3-11 所示。圆锥面上通过顶点 S 的任一直线称为圆锥面的素线。

圆锥三视图的画图步骤如下（图 3-12）：

（1）画作图基准线（图 3-12a）。主视图与左视图的作图基准线都是圆锥的轴线，俯视图的作图基准线是底面圆

图 3-11 圆锥面的形成

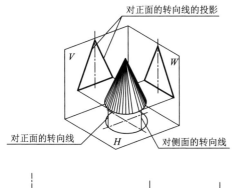

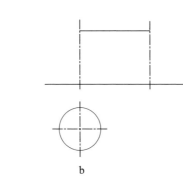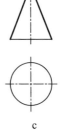

图 3-12 圆锥三视图的画图步骤

的中心线。

（2）从投影为圆的视图开始作图。画出俯视图，并确定圆锥底面及锥顶点在 V、W 面上的投影位置（图 3-12b）。

（3）根据投影规律画出锥面对 V、W 面的转向轮廓线投影。最后描深（图 3-12c）。

2. 圆锥表面上的点和线的投影

要绘制圆锥面上一个点的投影，也需要先在圆锥面上过该点作辅助线。在圆锥面上作简单易画的辅助线有下列两种方法：

（1）辅助素线法：如图 3-13b 所示，过 K 点和锥顶 S 连一条素线 SA，则 K 点的各面投影必定落在该素线的投影上，投影作图见图 3-13a。

（2）辅助圆法：如图 3-13b 所示，过 K 点在锥面上作垂直于圆锥轴线的辅助圆 R，则 K 点的各面投影必定落在该辅助圆的同面投影上。在作图时应注意，辅助圆的直径在 V 面投影中量取，即 1′、2′ 两点之间的直线长度（3-13a）。

根据上述任何一种方法，都可以由锥面上某点的一个已知投影求出它的其余投影。

图 3-13a 中的 M 点位于锥面的最前素线上，也就是对侧面的转向轮廓线上，因此它的 V 面投影 m′ 一定重影在轴线的 V 面投影上，它的 H 面投影 m 一定落在中心线上。

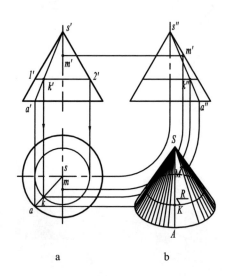

图 3-13 圆锥表面上点的投影

如图 3-14a 所示，已知圆锥面上曲线的 V 面投影，求作该线的 H、W 面投影。作图过程是：先在曲线的 V 面投影上标出端点 a′、e′ 及 W 面可见部分与不可见部分的分界点 c′ 和一般点。点 c′ 在转向轮廓线上可直接得到 c″，再求出 c。因圆锥面是倾斜面，其余各点应采用辅助线法求作。

图 3-14b 所示是采用辅助素线法求解作图。如图 3-14c 所示是采用辅助圆法求解作图。

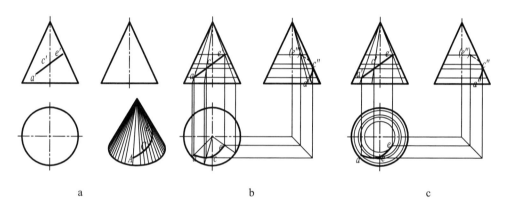

图 3-14　圆锥表面上线的投影

三、球

1. 球的三视图

球是由球面围成的。球面是以圆为母线，以该圆上任一直径为回转轴旋转而成（图 3-15a）。球体的三面投影圆是球体分别对 V、H、W 面的三个转向轮廓线圆的投影（图 3-15b）。图 3-15c 所示为球的三视图。

2. 球表面上点的投影

由于球面是回转面，绘制球面上点的投影，需过该点在球面上作一平行于任一投影面的辅助圆，然后在该圆的投影上取点。如图 3-16a 所示，已知球面上 K 点的 V 面投影 k′，过 k′ 作水平线 c′d′（辅助圆的 V 面投影），以 c′d′ 为直径在 H 投影中画圆，则 K 点的 H 面投影 k 必在该圆周上，自 k′ 向下引线即可得出。有了 k′、k 即可求得 k″，在此作图中仍应注意 $Y_W = Y_H$ 这一坐标关系。

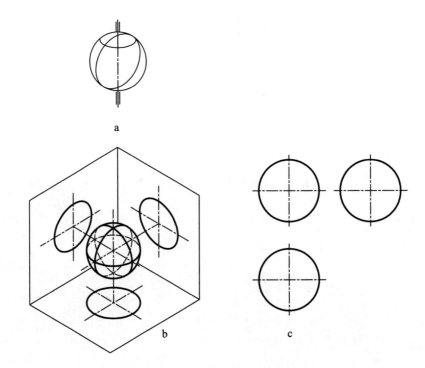

图 3-15　球面的形成及三视图

又如图 3-16 所示，A 点位于球面上最大的正平圆上，读者可尝试自行分析该点各面投影位置的特点。

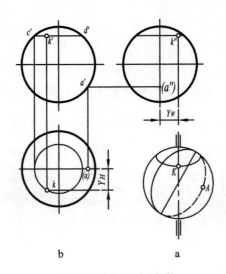

图 3-16　球表面上点的投影

四、圆环

1. 圆环的三视图

环面由圆母线围绕一不通过其圆心但与圆母线共面的轴线回转而成（图 3-17）。故通过轴线的任一截平面与环面的交线都是圆。

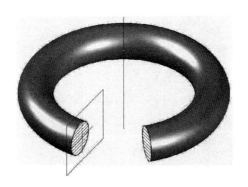

图 3-17 圆环的形成

完整的环体由一个完整的环面包容而成，所以它的三个投影都是环面对相应投影面的转向轮廓线的投影。如图 3-18 所示，俯视图中的两个同心圆是环面对 H 面的两条转向轮廓线的投影。这两条转向轮廓线是环面上垂直于回转轴的最大圆和最小圆（喉圆），也是上半环与下半环的分界线。主视图中，两个素线圆是前半环与后

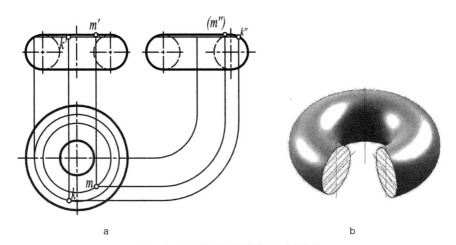

a   b

图 3-18 圆环的三视图及其表面上点的投影

半环分界处的转向轮廓线的投影，上下两条水平直线是外环面与内环面分界处的转向轮廓线的投影。试分析左视图各线的含义。

2. 圆环表面上的点的投影

环面是一个回转面，故在环面上取点时，可用过该点在环面上作辅助圆的方法。例如，在图3-18中，已知环面上K点的V面投影k′，求k、k″。过K作水平辅助圆（垂直于圆环轴线）即过k′作水平线确定水平圆的直径，则k、k″分别落在该辅助圆的同面投影上。又如，该图中的M点位于内环面和外环面分界处的转向轮廓线上。读者可试分析该点各面投影位置的特点。

第四节　截交线

曲面立体被平面切去部分后的形体称为曲面立体切割体，图3-19所示为几种常见的曲面立体切割体。平面与曲面立体相交，在立体表面产生了一些交线，这些交线称为截交线，此平面又称为截平面（图3-20）。由于曲面立体表面的形状不

a 切刀　　　　　　　　　b 顶针

c 六角螺母　　　　　　　d 手把上的球

图 3-19　常见曲面立体切割体

圆柱时，在圆柱表面上所得的交线是与圆柱直径相同的圆。当截平面平行于圆
柱轴线切圆柱时，圆柱面上的交线为直线，在圆柱体上得到一个矩形，截平面
离圆柱轴线越近矩形越大。当截平面与圆柱轴呈倾斜角度时，圆柱面上的截交
线是椭圆。

[例1] 画出图 3-22 所示圆柱切割体的三视图。

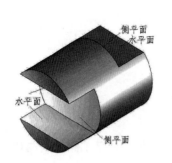

图 3-22 轴块

该切割体左端中间开一通槽，右端上下对称各
切去一块，其截平面分别为水平面和侧平面。水平
面平行于圆柱轴线，与圆柱面的交线为矩形，矩形
的 V、W 面投影积聚成一直线，H 面的投影反映实形，
宽度由 W 面投影量取。侧平面垂直于圆柱的轴线，
与圆柱面的交线为圆的一部分，其 W 面的投影与圆
柱的 W 面投影重合，其 V 面、H 面呈积聚性，绘图
步骤如图 3-23 所示。

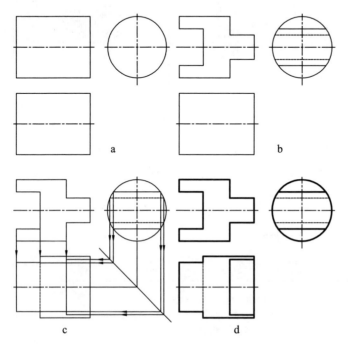

图 3-23 圆柱切割体三视图绘
图步骤
a 画圆柱的三视图 b 画左端通
槽及右槽上下切口的 V 面、W 面
投影 c 按投影关系完成左右端
的 H 面投影 d 描深

[例 2] 画出图 3-24 所示开槽圆柱筒的三视图。

由图可见，圆柱筒的上方中间用与其轴线平行的
两个侧平面和一个水平面对称地切出一通槽。侧平面
的 V、H 面投影具有积聚性，W 面投影反映实形。由
于两侧平面相对于轴线左右对称，所以它们的 W 面投
影重合。侧平面既与外圆柱面相交，又与内圆柱面相
交，交线皆为直线，根据投影规律可得交线的 W 面投
影。在左视图中外圆柱面上交线可见，内圆柱面上交
线不可见。读者可根据三视图画图步骤（图 3-25）进
行分析。

图 3-24　开槽圆柱筒

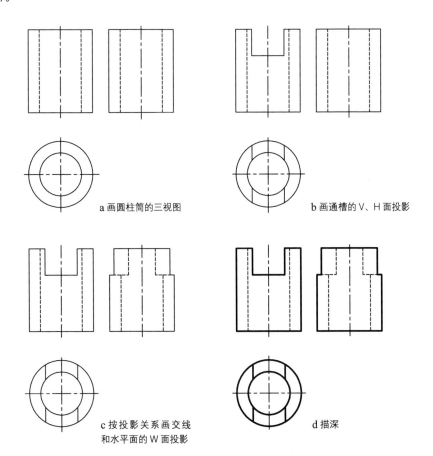

a 画圆柱筒的三视图

b 画通槽的 V、H 面投影

c 按投影关系画交线
和水平面的 W 面投影

d 描深

图 3-25　开槽圆柱筒三视图画图步骤

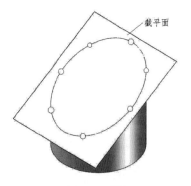

图 3-26 轴块

当截平面倾斜于圆柱轴线切圆柱时，圆柱表面上的交线为椭圆，如图 3-26 所示。画图时，先画椭圆具有积聚性的投影并在其上确定一系列点，利用在圆柱面上作辅助线的方法，求出各点的投影，然后圆滑连接各点的同面投影，即可得到截交线（椭圆）的投影。具体作图步骤如图 3-27 所示。其中应注意以下几点：

（1）求特殊点：在主视图中，椭圆的 V 面投影积聚成一直线，可得最低点（最左点）1′和最高点（最右点）5′。在俯视图中圆柱面的投影积聚成圆，可得最前点 3 和最后点 7。它们分别位于圆柱面对 V 面和对 W 面的转向轮廓线投影上，根据投影规律可得 1、5，1″、5″；3′、7′，3″、7″。

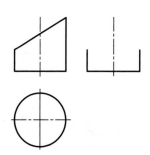

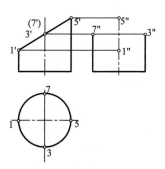

a 画斜切圆柱的主、俯视图，确定底面及圆柱对侧面转向轮廓线的 W 面投影位置

b 求特殊点的投影：最低点 1、1′、1″，最高点 5、5′、5″，最前点 3、3′、3″，最后点 7、7′、7″

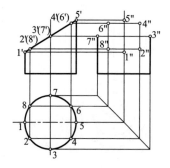

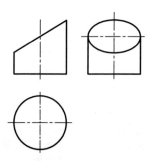

c 求一般点的投影

d 在左视图上圆滑地连接各点，然后描深

图 3-27 斜切圆柱三视图的画图步骤

（2）求一般点：在 H 面投影上，将圆等分，得 2、4、6、8 等点，过各点向上作素线与 V 面投影交得 2′（8′）、4′（6′）点，根据投影规律得 2″、4″、6″、8″。

（3）圆滑连接各点的 W 面投影，即为所求交线椭圆的 W 面投影。由于圆柱的左上部已切去，所以交线的 W 面投影为可见，用粗实线绘制，注意圆柱对 W 面转向线画到 3″ 和 7″ 点终止。

[例 3] 已知销轴的主视图和左视图，画出俯视图（图 3-28）。该销轴为圆柱体，其上部用两个与圆柱轴线相倾斜的正垂面切去一块，两正垂面与圆柱面的交线均为椭圆。由主视图可知，左边的正垂面与轴线的夹角为 45°，此时椭圆长轴的 H 面投影长度与短轴（圆柱的直径）相等，图中半个椭圆的 H 面投影恰好为半圆；右边正垂面夹角不是 45°，其交线的 H 面投影仍为椭圆，作图步骤请读者自行分析。

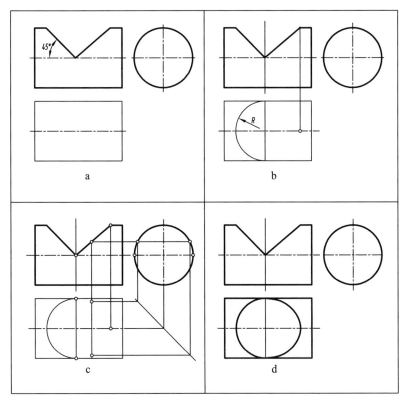

图 3-28　销轴俯视图的作图步骤

a 画圆柱的俯视图　b 画左边截交线的 H 面投影，确定右边截交线特殊点的 H 面投影
c 求右边截交线一般点的 H 面投影　d 在俯视图中圆滑地连接各点并描深

图 3-29 是圆柱筒被切割后的三视图，请读者对照作图线进行分析。

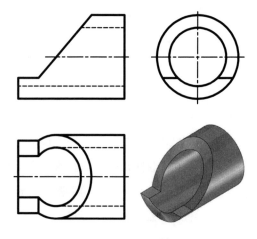

二、平面切割圆锥

平面切割圆锥时，截平面相对于圆锥面的位置有 6 种，可以得到 5 种不同的表面交线。图 3-30 列出了圆锥表面交线的 6 种情况，前两种分别是直线和圆，作图比较简单；后 4 种分别为椭圆、双曲线和抛物线。下面举例介绍求作圆锥表面交线投影的方法和步骤。

图 3-29　圆柱筒切割三视图

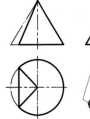

a 截平面过锥顶，截交线是三角形

b 截平面垂直轴线（θ=90°）截交线是圆

c 截平面与轴线倾斜（θ > α）截交线是椭圆

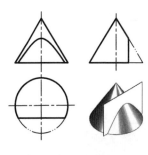

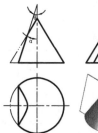

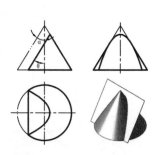

d 截平面平行轴线（θ=0°）截交线是双曲线

e 截平面与轴线倾斜（θ < α）截交线是双曲线

f 截平面与轴线倾斜（θ = α）截交线是抛物线

图 3-30　圆锥交线的 6 种情况

[例4] 图 3-31a 所示为圆锥被平行于圆锥轴线的平面截切，已知主视图和俯视图，需补全左视图中所缺交线的投影。截平面平行于圆锥轴线截切圆锥，其表面交线为双曲线，由主、俯视图可知截平面为侧平面，它的 V 面投影和 H 面投影皆积聚为一条直线。根据这两个投影，利用在圆锥面上作辅助直线或辅助圆的方法，可确定双曲线上各点的 W 面投影，从而画出左视图中双曲线的投影。具体作图步骤如下：

（1）求特殊点：由主俯视图可知，圆锥底圆与截平面的交点 Ⅰ、Ⅶ 为最底点，圆锥面对 V 面转向轮廓线与截平面的交点Ⅳ是双曲线上的顶点，也是最高点。根据投影规律，可直接求得 1′、(7′) 和 4′，如图 3-31b 所示。

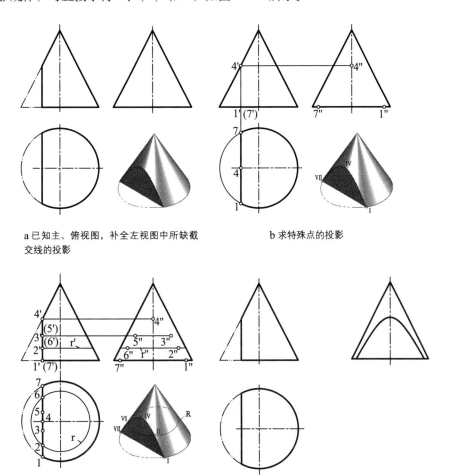

a 已知主、俯视图，补全左视图中所缺截　　　b 求特殊点的投影
交线的投影

c 求一般点的投影　　　　　　　　　　　d 左视图中圆滑连接各点的投影

图 3-31 圆锥截交线的画法

（2）求一般点：在Ⅰ、Ⅶ和Ⅳ之间取一般点，如Ⅱ、Ⅵ。作图时先在主视图中的1′（7′）、4′之间取2′（6′），并过2′（6′）作垂直于轴线的辅助圆γ′，在俯视图中画圆γ交侧平面的H面投影于点2、6，根据投影规律可得2″、6″，如图3-31c所示。也可通过2′（6′）在圆锥面上作素线，然后得到2、6，2″、6″。

（3）圆滑连接各点的W面投影：由于双曲线在左半圆锥面上，所以双曲线的W面投影均为可见，用粗实线绘制（图3-31d）。

三、平面切割球

当平面与球面相交时，交线一定为圆。截平面离球心距离越近，交线圆的直径就越大，反之越小。截平面平行于投影面时，其交线在该投影面上的投影反映圆的实形。在另外两个投影面上积聚为直线。图3-32列出了3种投影面平行面截切球所

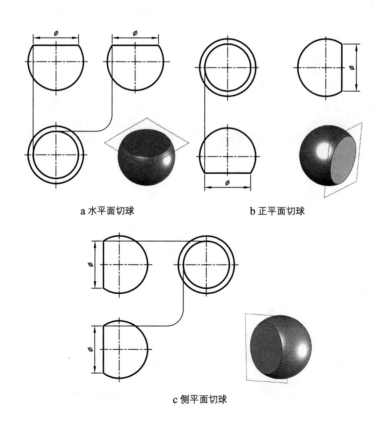

a 水平面切球   b 正平面切球

c 侧平面切球

图3-32　投影面平行面切球交线圆的画法

得交线圆的投影画法。

    图 3-33a 所示开槽半球，其顶端由三个平面开一通槽。若以 A 向为主视图投影方向，那么槽的左、右两侧面为侧平面，与球面相交，交线圆的 W 面投影反映圆的实形；槽底为水平面，与球面相交，交线圆的 H 面投影反映圆的实形。具体画图步骤如图 3-33 所示。

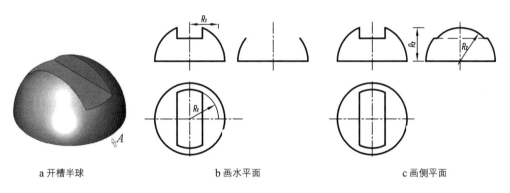

<table>
<tr><td>a 开槽半球</td><td>b 画水平面</td><td>c 画侧平面</td></tr>
</table>

图 3-33   开槽半球三视图的画法

四、综合举例

    [例 5] 求作图 3-34 所示台阶轴的表面交线。

    台阶轴由同轴的大小两个圆柱组成，其轴线垂直于 H 面，两圆柱面的 H 面投影皆积聚为圆。截平面 P 为正平面，平行于台阶轴的轴线，与小圆柱相交得小矩形，与大圆柱相交得大矩形。水平面 Q 垂直于大圆柱轴线，与大圆柱面相交的交线为一部分圆。

    因为正平面 P 的 H、W 面投影皆积聚成一直线，其 V 面投影反映实形，所以作图时由 H 面投影可直接求得两矩形的 V 面投影。由于两个矩形属于同一个平面 P，因此其 V 面投影应为一个封闭线框，主视图中两矩形之间不应该有轮廓线，图中的虚线表示大圆柱顶面后半部分的投影。水平面 Q 截大圆柱所得圆的 H 面投影反映实形，V、W 面投影皆积聚成一条直线。

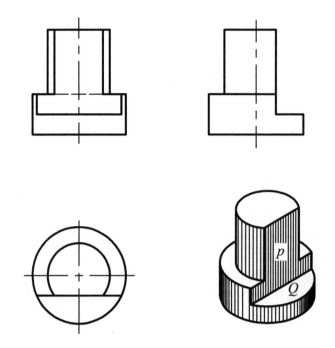

图 3-34 台阶轴

[例 6] 求作图 3-35 所示顶针的表面交线。

顶针由同轴的圆锥和圆柱组成，其轴线垂直于 W 面。它的左上部被一个水平面 P 和一个正垂面 Q 切去一部分，在它的表面上共出现三组截交线与一条由 P 平面和 Q 平面相交的交线。由于截平面 P 平行于轴线，所以它与圆锥面的交线为双曲线，与圆柱面的交线为两条直素线。因为截平面 Q 与圆柱轴线斜交，所以它与圆柱面的交线为一段椭圆曲线。截平面 P 和圆柱面都垂直于 W 面，所以三组截交线在 W 面上的投影分别积聚在截平面 P 和圆柱面的投影上，它们的 V 面投影分别积聚在 P、Q 两平面的 V 面投影（直线）上，因此只需作三组截交线的 H 面投影。

由于截交线共有三组，因此作图时应先求出相邻两组交线的结合点。图中 I、V 两点在圆锥面与圆柱面的分界线上，是双曲线和平行两素线的结合点。VI、X 两点是平行两素线与椭圆曲线的结合点，位于 P、Q 两截平面的交线上。III 点是双曲线上的顶点，它位于圆锥面对 V 面的转向线上。VIII 点是椭圆曲线上的最右点，它位于圆柱面对 V 面的转向线上。上述各点均为特殊点。

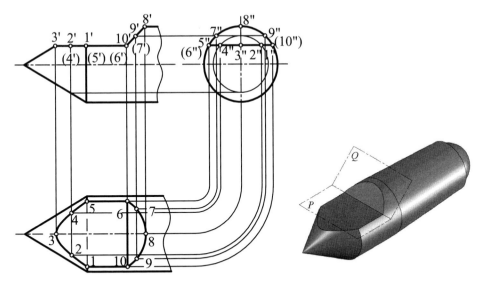

图 3-35 顶针表面交线的画法

利用在圆锥面上作辅助圆的方法，求一般点 II、IV（2″、4″，2、4），利用圆柱面在 W 面上的积聚性投影，求一般点 VII、IX（7″、9″，7、9）。

在俯视图中，把点 1、2、3、4、5 顺序连接即得双曲线的 H 面投影，把点 6、7、8、9、10 顺序连接得椭圆曲线的 H 面投影，1-10、5-6 分别为直线，此即为圆柱面上平行两素线的 H 面投影。由于被 P、Q 两个平面所截，其交线为两个封闭的线框。除截交线之外，还应注意圆锥面和圆柱面分界线的画法。

[例 7] 求作图 3-36 所示拉杆头的表面交线。

图示拉杆头由同轴的球、圆锥台、圆柱组成，其中球与圆锥台相切。两截平面平行于轴线，前后对称将球、锥各切去一部分，在拉杆头的表面上产生了两组截交线：平面与球面的交线为圆，与圆锥表面的交线为双曲线。由于截平面为正平面，所以截交线的 H 和 W 面投影均积聚在截平面的投影（直线）上，本例只需求作截交线的 V 面投影。作图步骤如下：

（1）画球的截交线圆并确定结合点 I、V。

在俯视图中，由截平面的 H 面投影可直接量取截交线圆半径，然后在主视图中画圆。由于 I、V 两点既在球面上又在圆锥面上，因此必在球和圆锥的相切圆（分

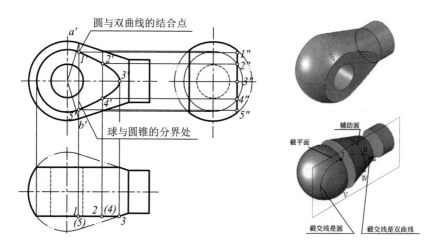

图 3-36　拉杆头表面交线画法

界线）上，此切线圆的 V 面投影由两切点 a′、b′ 相连而成。两切点 a′、b′ 是向圆锥面的转向轮廓线作垂线而得到。球面与圆锥面的 V 面投影以 a′、b′ 两点连线分界，故截交线也由此分界，左边为交线圆投影，右边为双曲线的投影。a′b′ 与交线圆的交点 1′、5′ 即为结合点 Ⅰ、Ⅴ 的 V 面投影。

（2）求圆锥面上双曲线的投影。

由圆锥对 H 面转向线的投影与截平面积聚性投影的交点 3 向上引投影连线，可得双曲线的顶点Ⅲ的 V 面投影 3′。然后利用在圆锥面上作辅助圆的方法可作出截交线上一般点 Ⅱ、Ⅳ 的 V 面投影 2′、4′。顺次圆滑连接 1′、2′、3′、4′、5′ 即得双曲线的 V 面投影。

第五节　相贯线

两立体相交称为相贯，两立体表面的交线称为相贯线，见图 3-37。

一、相贯线概述

1. 相贯线的性质

（1）相贯线也就是两立体表面的共有线，线上的点是两立体表面的共有点。

（2）由于立体表面是连续封闭的，所以相贯线一般是封闭的空间曲线。

2. 按照立体的类型，常见的立体相贯有以下 3 种形式，如图 3-37 所示：

（1）平面立体与平面立体相贯。

（2）平面立体与回转体相贯。

（3）回转体与回转体相贯。

由于平面立体可以看作若干个平面围成的实体，所以前两种相贯情况可以归结为求平面与立体的截交线，如前面所讲的平面立体切割体和曲面立体切割体。

3. 按照立体的虚实类型，立体相贯形式可以分为 3 种：

（1）实体与实体相贯（即两外表面相交）。

（2）实体与虚体相贯（即外表面与内表面相交）。

（3）虚体与虚体相贯（即两内表面相交）。

虚体、实体相贯线的分析作图方法是完全相同的。

4. 根据回转体轴线之间的关系，立体相贯形式又可分为 3 种：

（1）正交：轴线垂直相交。

（2）斜交：轴线倾斜相交。

（3）偏交：轴线交叉（含垂直与倾斜）。

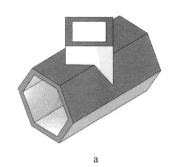
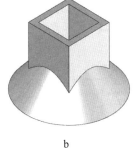

a　　　　　　　　　b　　　　　　　　　c

图 3-37　相贯线

二、平面立体与曲面立体相交

平面立体与曲面立体相交，其相贯线是由若干段平面曲线结合而成的封闭曲线。每条平面曲线是平面立体上的一个棱面与曲面立体相交所得的截交线。每两条平面曲线的交点称为相贯线上的结合点，它也是平面立体上各棱线对曲面立体的贯穿点。因此，求平面立体与曲面立体的相贯线可归结为求截交线和贯穿点的问题。

[例 8] 求作四棱柱与正圆柱的相贯线（图 3-38）。

分析：四棱柱上下两个水平面和前后两个正平面与圆柱相交并对称，即相贯线也对称。四棱柱四个棱面垂直于侧投影面，则相贯线的侧面投影积聚在长方形上。圆柱轴线垂直于水平投影面，则相贯线的水平投影积聚在圆上（两段圆弧）。相贯线正面投影为：前后两平面截切圆柱，其截交线为两条素线，上下两个平面截切圆柱，截交线为圆，而正面投影积聚成直线。

作图：如图 3-38 所示，前、后两个正平面截切圆柱，其截交线为 A、B 两条素线，上、下两个水平面截切圆柱，截交线为水平圆，正面投影积聚成直线 a'c'、b'd'。

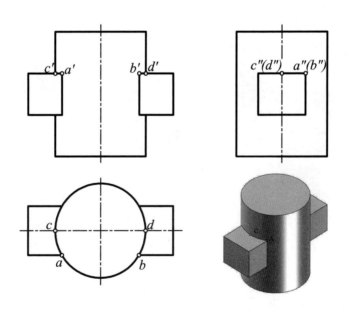

图 3-38　四棱柱与正圆柱相交

[例9] 讨论：如图 3-39 所示，在圆柱体上挖切长方形孔，则相贯线仍应看成四棱柱与圆柱相交，其相贯线形状和求法同上，请读者自行分析。

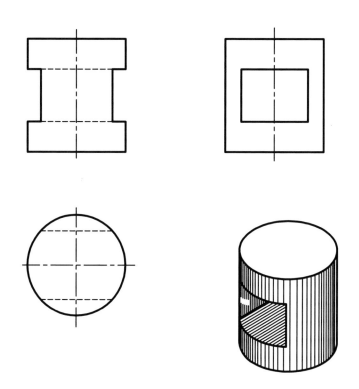

图 3-39　圆柱穿长方形孔

三、曲面立体与曲面立体相交

1. 曲面立体交线的求法

根据相贯线的性质，求相贯线可归结为求两相交立体表面上一系列共有点的问题。常用的方法有两种：

（1）利用投影积聚性求作相贯线。根据相贯线是相交两曲面立体表面的共有线这一性质，当相交两曲面立体中有一个是圆柱且其轴线垂直于某投影面时，则相贯线在该投影面上的投影一定积聚在圆柱面的投影圆上，其余投影可通过在另一曲面立体表面上作辅助直线或辅助圆的方法求得。

（2）辅助截平面法。当相交两曲面立体的三面投影均无积聚性时，则可采用辅助截平面法求作相贯线。辅助截平面法依据的是三面共点原理。如图 3-40 所示，当圆柱与圆锥相交时，为求得共有点，可设想用一个平面 P（即辅助截平面）截切圆柱和圆锥。平面 P 与圆柱面的截交线为两条直线，与圆锥面的截交线是圆。两直线和圆的交点 M、N 是圆柱面、圆锥面和平面 P 三个面的共有点，因此是相贯线上的点。

根据上述分析，用辅助截平面法求相贯线的步骤是：

① 选择恰当的辅助截平面。

② 分别作出辅助截平面与两曲面立体的截交线。

③ 求出两截交线的交点，即为相贯线上的点。

为了作图简便和准确，辅助截平面的选取原则是：

① 辅助截平面的位置应取在两曲面立体共有点的范围内。

② 辅助截平面与两曲面立体的截交线及其投影应同时是直线或圆。一般选择平行于圆柱轴线和通过圆锥轴线或锥顶的辅助截平面。为了得到圆截交线，对于曲面回转体，应取垂直于轴线且平行于某一投影面的辅助截平面。

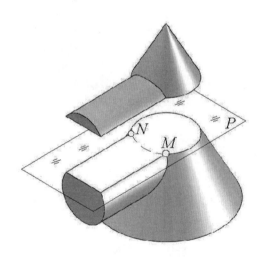

图 3-40　辅助平面法原理

2. 求相贯线的步骤

两曲面立体相交时，其相贯线的形状各异，但都可按以下步骤进行作图：

（1）对两相交基本体进行分析。

① 形体分析。分析两相交的基本体各是哪一种曲面立体及其表面性质。

② 位置分析。一是要分析两相交曲面立体之间的相对位置，它们的轴线是正交还是交叉垂直。二是要分析两相交立体对投影面的相对位置及投影特点，它们的轴线与某投影面是垂直还是平行，其投影是否有积聚性。

③ 投影分析。分析相贯线的已知投影和未知投影。

（2）求共有点。

① 求特殊点。相贯线上的特殊点主要是转向轮廓线上的点和极限位置点。极限位置点是指相贯线上最前、最后点，最高、最底点，最左、最右点等。

② 求一般点。根据需要作出适当数量的一般点。

（3）判别可见性。可见性的判别原则是：当向某一投影面投影时，同时位于两立体表面的可见部分上的那一段相贯线为可见，否则为不可见。

（4）圆滑连接各点。可见部分用粗实线连接，不可见部分用虚线连接。

3. 举例

[例 10] 求两圆柱体的相贯线（图 3-41）

分析：

（1）形体分析。由图示可知，这是两个直径不同的圆柱体相贯，相贯线为一封闭的空间曲线。

（2）位置分析。两圆柱轴线垂直相交，小圆柱的轴线垂直于 H 面，其 H 面的投影具有积聚性；大圆柱的轴线垂直于 W 面，其 W 面投影具有积聚性。

（3）投影分析。由位置分析可知，相贯线的水平投影和侧面投影为已知，分别重合于相应的积聚性圆周上，要求的是相贯线的正面投影。

作图：

（1）求特殊点。由图示可知，相贯线上 I、V 两点分别位于小圆柱对 V 面的转向线上，也位于大圆柱对 V 面的转向线上，因此 I、V 两点是相贯线上的最高点，同时也分别是相贯线上最左点和最右点；Ⅲ、Ⅶ 两点分别位于小圆柱对 W 面的两条转向线上，它们是相贯线上的最底点，也分别是相贯线上最前点和最后点，在投影图上可自 W 面投影 1″、3″、5″、7″ 向左引投影连线，直接得出 V 面投影 1′、3′、5′、7′。

（2）求一般点。先在小圆柱的 H 面投影圆上的特殊点之间适当地定出若干一般点的投影，如图中 2、4、6、8 各点，再按投影关系作出 W 面投影 2″、(4″)、8″、(6″) 点和 V 面投影 2′、(8′)、4′、(6′) 点。

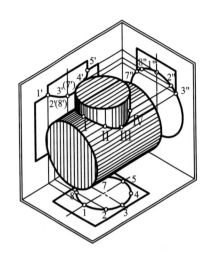
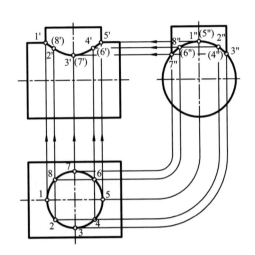

图 3-41　求作两圆柱体的相贯线

（3）判别可见性。图中 1、2、3、4、5 各点对 V 面可见，6、7、8 点不可见。

（4）在 V 面投影中圆滑连接各点。按 1'、2'、3'、4'、5' 的顺序用圆滑曲线把各点连接起来。由于该相贯线前后两部分对称，形状相同，故在 V 面投影中重合，只画粗实线。

由于圆柱有实体圆柱和圆柱孔之分，因此圆柱面有外圆柱面和内圆柱面之别。两圆柱面相交会产生三种情况：两外圆柱面相交（图 3-42a），外圆柱面与内圆柱面（即圆柱孔）相交（图 3-42b），两内圆柱面相交（图 3-42c）。在这三种情况中，相

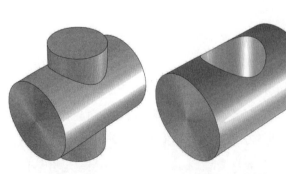

a 两外圆柱面相交　　　　　b 外圆柱与内圆柱相交　　　　　c 两内圆柱相交

图 3-42　两圆柱相交的三种情况

贯线的形状、性质相同，求法也一样，不同的只是实线和虚线之分。

　　由于轴线相交的两圆柱直径或相同或不同，在两圆柱轴线所共同平行的投影面上，其相贯线的投影形状和弯曲趋向会有所不同。当两相交圆柱的直径不相同时，相贯线的投影向着直径大的圆柱轴线方向弯曲，如图 3-43a、图 3-43b 所示。当两圆柱直径相等时，两圆柱的相贯线为两条椭圆曲线，且椭圆曲线所在的平面垂直于 V 面，这时相贯线的 V 面投影为两条相交的直线，如图 3-43c 所示。

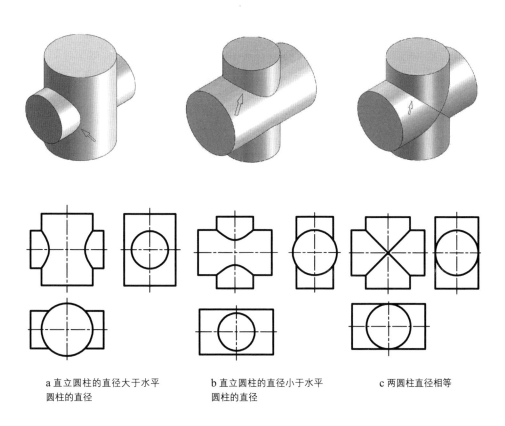

a 直立圆柱的直径大于水平
圆柱的直径

b 直立圆柱的直径小于水平
圆柱的直径

c 两圆柱直径相等

图 3-43　轴线相交两圆柱相贯线的投影特点

[例 11] 求作套筒的相贯线。

　　如图 3-44 所示，套筒的内外表面均为圆柱面，在其中部钻有一个圆柱孔，该孔与套筒的内外圆柱表面均有相贯线。因内外圆柱面和所钻圆柱孔的轴线分别垂直侧

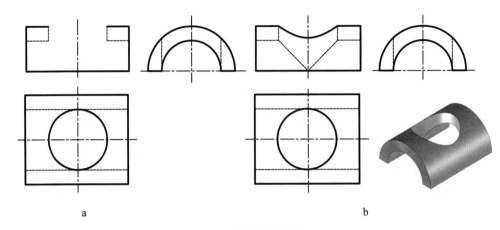

a   b

图 3-44 求作套筒的相贯线

面和水平面，所以相贯线在这两个投影面上的投影分别积聚在内外圆柱面和所钻圆柱孔的投影圆上，而相贯线的正面投影需求作。由于套筒外圆柱直径与所钻圆柱孔的直径相等，所以其相贯线的正面投影是两条相交直线。

[例 12] 求作圆柱与圆台的相贯线（图 3-45）

分析：

(1) 形体分析。如图 3-45 所示，圆柱与圆台相交。

(2) 位置分析。圆柱与圆台轴线垂直相交，圆柱轴线垂直于 W 面，其 W 面投影积聚为圆。圆台轴线垂直于 H 面。由 W 面投影可知，圆柱的投影位于圆台投影范围中，说明圆柱贯入圆台，故相贯线是围绕圆柱一周的空间封闭曲线。

(3) 投影分析。由于圆柱 W 面投影具有积聚性，因此相贯线的 W 面投影重合于圆柱的 W 面投影圆上，可利用在圆锥表面上作辅助圆（或辅助直线）的方法求出相贯线上各点的 H、V 面投影。

作图：

(1) 求特殊点。从 W 面投影中可以看出，Ⅰ、Ⅴ两点是相贯线的最高点和最底点，其 V 面投影由两立体的 V 面投影轮廓素线相交求得，再由 1′、5′向下引投影连线得 1、5；Ⅲ、Ⅶ两点是相贯线的最前点和最后点，它们分别位于圆柱对 H 面的转向线上，其 H 面投影 3、7 可通过作锥面辅助圆 A1 求出。此两点也是相贯线的 H 面投影可见与不可见部分的分界点。由 3、7 点向上引投影连线得其 V 面投影 3′、(7′)。

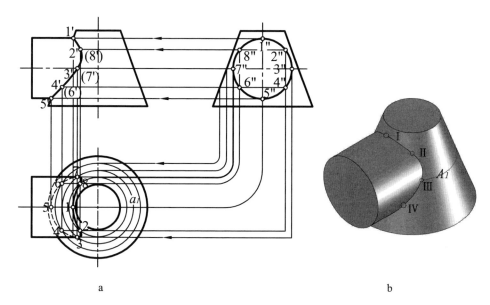

图 3-45　求作圆柱与圆台的相贯线

（2）求一般点。在圆柱的 W 面投影（圆）上，取若干一般点的投影 2″、4″、6″、8″ 点。最后再根据各点的 W、H 面投影求出 V 面投影 2′、(8′)、4′、(6′)。

（3）判别可见性。相贯线向 H 面投影时，虽对锥面而言都可见，但对圆柱而言，Ⅲ、Ⅱ、Ⅰ、Ⅷ、Ⅶ各点位于圆柱上半部，其投影可见，其余部位位于圆柱下半部，投影不可见。相贯线前后对称，故相贯线的 V 面投影可见部分与不可见部分重合。

（4）圆滑连接各点。将相贯线 H、V 面的可见部分投影用粗实线圆滑连接起来，不可见部分用虚线圆滑连接起来。

两轴线相交的圆柱与圆锥，由于大小和相对位置不同，它们的相贯线在两轴线共同平行的投影面上的形状或弯曲趋向也会有所不同。如图 3-46a 所示，圆柱贯入圆锥，V 面投影中两条相贯线（左、右各一条）由圆柱向圆锥轴线弯曲，并随圆柱直径的增大，相贯线逐渐弯近圆锥轴线。如图 3-46b 所示，圆锥贯入圆柱，V 面投影中两条相贯线（上、下各一条）由圆锥向圆柱轴线弯曲，并随圆柱直径的减小，相贯线逐渐弯近圆柱轴线。如图 3-46c 所示，圆柱与圆锥互贯，并且圆柱面与圆锥面共同内切于一个球面，此时相贯线为两条平面曲线（椭圆），并同时垂直于 V 面，其 V 面投影积聚成两条直线。

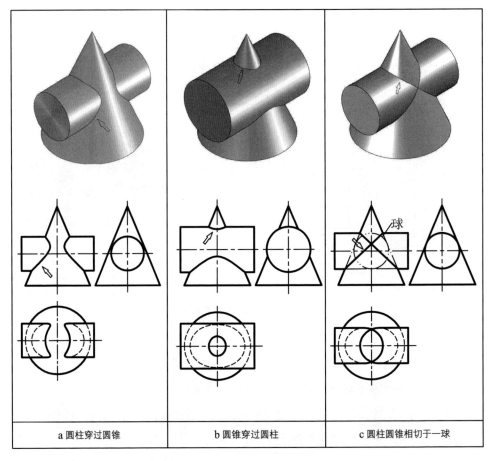

a 圆柱穿过圆锥 b 圆锥穿过圆柱 c 圆柱圆锥相切于一球

图 3-46　圆柱与圆锥相交的三种情况

　　图 3-47 是用辅助截平面法求作圆柱与半球相贯线的例子。根据图 3-47 所示的两相交立体的位置可以看出，求作相贯线时，可采用三种不同位置的辅助截平面。图 3-48 所示的直观图，分别表示用正平面、水平面和侧平面来作图都是可行的。由此可知，解同一问题，可能会有多种不同位置的平面供选择，应根据具体情况选用一种或综合使用各种位置的平面作为辅助截平面。

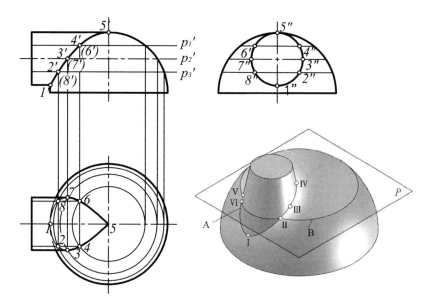

图 3-47　辅助截平面法求作两立体相贯线

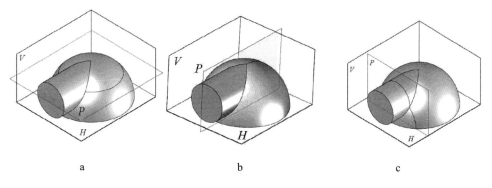

a　　　　　　　　　　　b　　　　　　　　　　　c

图 3-48　辅助平面的选择

第四章 | Chapter 4

轴测图

第一节 轴测图的基本概念

在机械图样中，除用视图表达机件（或机器）的结构形状外，有时还用轴测投影图（简称轴测图）表达机件、部件的结构和工作原理。轴测图具有较好的立体感，故常被教材和科技资料采用，如本书中的立体图，大部分是轴测图。

轴测图是由平行光线投射而形成的，如图 4-1 所示。光线垂直于投影面投射所得的轴测图叫正轴测图，光线倾斜于投影面投射所得的轴测图叫斜轴测图。光线、物体和投影面的相对位置变化无穷，所产生的轴测图也多种多样。为了作图方便，制图标准 GB/T14692-2008 推荐了正等测、正二测和斜二测三种轴测图。如图 4-2 所示，前两种是正轴测图，第三种是斜轴测图。

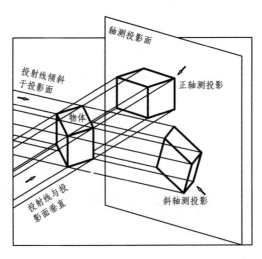

图 4-1　轴测投影的形成

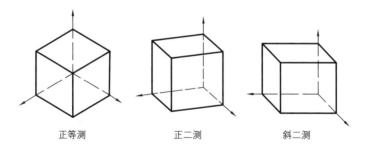

图 4-2　常用的三种轴测投影图

第二节　正轴测投影图

一、正等测图的形成

现以正立方体为例来说明正等测图的形成过程，如图 4-3 所示：

（1）把正立方体放置在水平面上，使正立方体的前面平行于正面（轴测投影面）。当投影光线垂直正面投射时，正立方体的投影是个正方形（图 4-3a）。它只能反映正立方体一个面的形状，因而没有立体感。

（2）如果将正立方体从图 4-3a 所示的位置，按图 4-3b 中箭头所指的方向绕一铅垂轴旋转 45° 后，再进行投影，所得正立方体的投影是两个相连的长方形。因为它只反映了正立方体两个面的形状，所以立体感也不强。

（3）如果再把正立方体从图 4-3b 所示的位置绕一侧垂轴向前旋转，使它的对角线 OA 垂直于正面（图 4-3c），则正立方体的前面、侧面和顶面都与轴测投影面呈

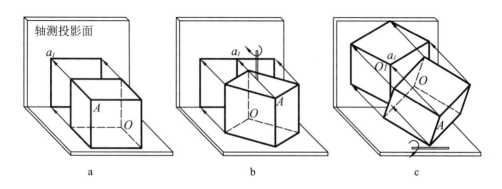

图 4-3　正等测图的形成

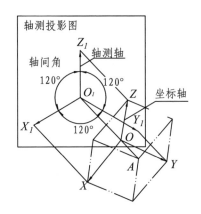

图 4-4　正等测的轴测轴和轴间角

相同的倾斜角度。此时，正立方体在轴测投影面上的投影就呈现为三个相连的菱形。因为在一个投影面中同时反映出了正立方体互相垂直的三个面的形状，所以投影具有较好的立体感，这就是正立方体的正等测图。

为了更清楚地说明正等测图的形成和特点，我们把正立方体上的 O 点作为直角坐标系的原点（图 4-4），并假设过 O 点的三个棱边为 OX、OY、OZ 三个坐标轴。这三个坐标轴必与正立方体的对角线 OA 构成相等的角度。当 OA 垂直于轴测投影面时，则 OX、OY、OZ 坐标轴与轴测投影面之间的倾斜角度都相等。因此，只要物体上三个互相垂直的坐标轴与轴测投影面之间的倾斜角度相同，就可得到正等测图。

二、正等测图的投影特性

正等测图实际上也是正投影图。因此，它具有正投影的一般性质，如直线的投影一般仍为直线，平行直线的投影仍互相平行等。但是，要正确地绘制正等测图，还须了解它的另外三个特性：

（1）物体上的三个坐标轴的轴测投影叫做轴测轴。在正等测投影中，由于三个坐标轴 OX、OY 和 OZ 与轴测投影面之间的倾斜角度相同（约为 35°），所以它们的轴测投影 o_1x_1、o_1y_1、o_1z_1 一定会以相同的比例缩短，缩短后的长度与原长的比值（即 o_1x_1/OX、o_1y_1/OY、o_1z_1/OZ）叫轴向缩短系数，约为 0.82。物体上凡与坐标轴平行的直线，其轴测投影也必与相应的轴测轴平行，长度均应缩短为原长的 0.82 倍。

（2）在轴测图上，轴测轴之间的夹角（$\angle x_1o_1z_1$、$\angle x_1o_1y_1$、$\angle y_1o_1z_1$）叫作轴间角（图 4-4）。在正等测图中，三个轴间角相等，都是 120°，画图时须先画出。

（3）物体上凡不平行于轴测投影面的平面，其轴测图都会变形。例如，正多边形变成了斜多边行，圆变成了椭圆。

三、正等测图的基本画法

根据上述正等测投影的特性，可以画出长方块的正等测图，如图 4-5 所示。

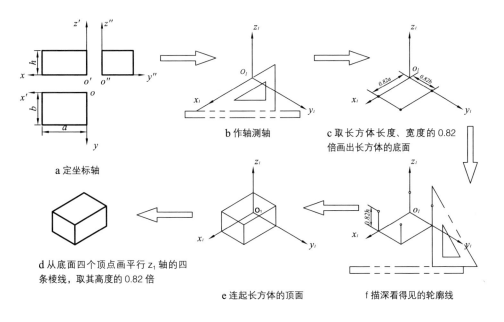

图 4-5 长方体正等测图的画图步骤

为作图简便，常把正等测图的轴向缩短系数简化为 1，也就是说，零件上凡是平行于坐标轴的直线，在轴测图上都按实际尺寸画出，不再缩短。图 4-6 所示的轴测图就是按简化的缩短系数画出的，它比用缩短系数 0.82 画出的轴测图放大了 1.22 倍。

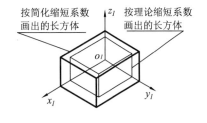

图 4-6 按简化系数画图

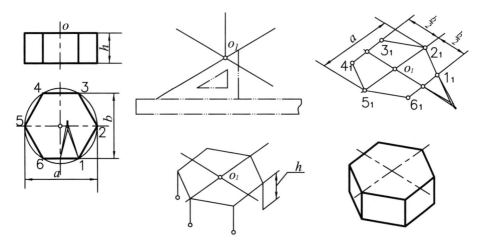

图 4-7 正六棱柱的正等测图的画法

通过上述正等测图的画图过程看出，画轴测图时，应先在物体视图上选定适当的坐标原点和坐标轴，并在图纸上画出相应的轴测轴，然后根据视图中给出的坐标确定物体上的某些点在轴测坐标系中的位置，进而画出物体上的某些线和面，并逐步完成全图。这种画法叫作坐标定点法，是绘制轴测图的一种基本方法。下面的几个示例都是按照这种方法画出来的。

四、圆的正等测图

多数物体上都有圆和圆弧形结构，而这些圆多数又平行于某两个坐标轴所决定的坐标面。这里主要介绍平行于各坐标面的圆在轴测图上的画法。

假设在正立方体的三个面上各有一个直径为 d 的内切圆，如图 4-8 所示。这三个圆与轴测投影面之间的倾斜角度相同，因此各圆的正等测投影为形状相同的椭圆，并且分别内切于三个相同的菱形。根据它们的几何关系，可以推断出各椭圆在轴测投影中的三个特点：

（1）椭圆长、短轴的方向（图 4-9）：平行于 x_1-y_1 面的椭圆，其长轴垂直于 z_1 轴；平行于 x_1-z_1 面的椭圆，其长轴垂直于 y_1 轴；平行于 z_1-y_1 面的椭圆，其长轴垂直于 x_1 轴。各椭圆的长轴与短轴垂直。

（2）椭圆长、短轴的大小：椭圆长轴是圆上平行于轴测投影面的那条直径的投影（如图 4-8 中的线段 1_12_2），长度就等于圆的直径 d。经几何计算，椭圆短轴的长

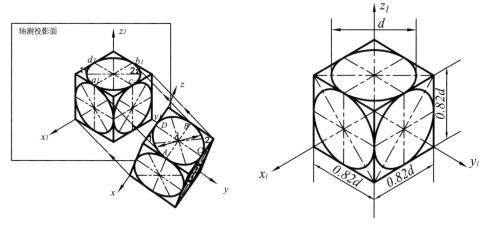

图 4-8　圆的正等测投影　　　　　　　图 4-9　椭圆的长、短轴的方向

度等于 0.58d。

（3）一对共轭直径：正立方体各个面上的圆中，分别平行于两个坐标轴的一对直径称为共轭直径，在轴测投影图中仍平行于轴测投影轴（如图 4-8 中的 a_1b_1、c_1d_1），其长度为 0.82d（图 4-9）。在轴测图上，常以这两条直径作为画椭圆的定位线。画椭圆时，应先把它们画出。采用简化缩短系数画椭圆时，上述数据均扩大到 1.22 倍（图 4-10）。

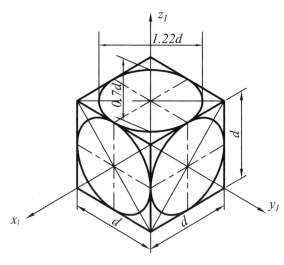

图 4-10　简化缩短系数画图

知道了椭圆长、短轴的方向和大小,就可以按图 4-10 的方法画出椭圆。但这种画法比较麻烦,一般常用"四心法"近似地画椭圆,具体作图方法见图 4-11。其中,图 4-11a 过 O 点作轴测轴 AB、CD、EF,作水平线与 AB 垂直,即椭圆长轴方向,然后以 O 为圆心、d 为直径画一个圆。图 4-11b 分别以 A、B 为圆心,AD、BC 为半径画两个大弧,与 AB 相交于 H 和 G。图 4-11c 以 O 为圆心、OG 为半径,作弧与椭圆长轴交于 1 和 2。图 4-11d 连接 1、B,并延长交大圆弧于 K(两圆弧切点)。以 1、2 两点为圆心,1K 为半径,作弧把两个大圆弧连接起来。

图 4-12 是用"四心法"绘制凸轮的正等测图示例。其中图 4-12a 定出坐标轴。图 4-12b 为过各圆心画出轴测轴。图 4-12c 为由前向后画出各图。图 4-12d 为描深可见轮廓线。

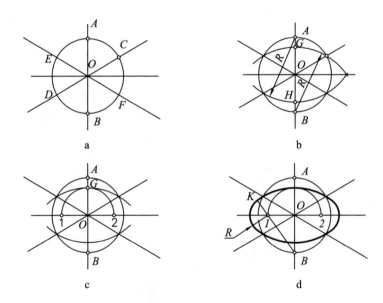

图 4-11　正等测图中椭圆的近似画法

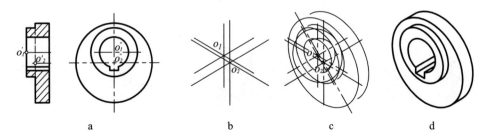

图 4-12　凸轮的正等测图的画法

五、圆柱、圆锥、圆球和圆环的正等测图

物体上经常出现柱、锥、球、环等基本体，它们的轴测投影图的画法及要点如表 4-1 所示，其中各图例都按简化缩短系数画出。

表 4-1　基本几何体正等测图的画法

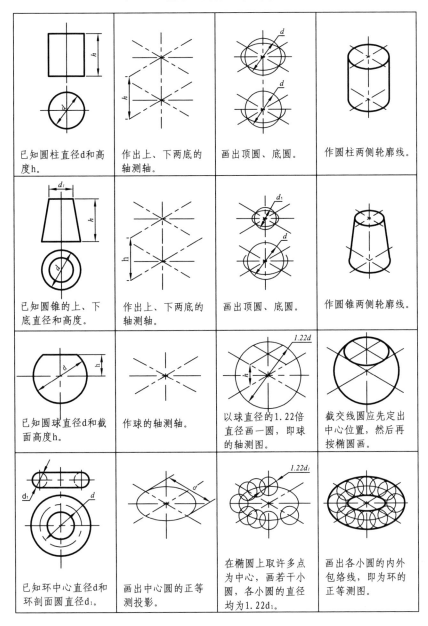

已知圆柱直径d和高度h。	作出上、下两底的轴测轴。	画出顶圆、底圆。	作圆柱两侧轮廓线。
已知圆锥的上、下底直径和高度。	作出上、下两底的轴测轴。	画出顶圆、底圆。	作圆锥两侧轮廓线。
已知圆球直径d和截面高度h。	作球的轴测轴。	以球直径的1.22倍直径画一圆，即球的轴测图。	截交线圆应先定出中心位置，然后再按椭圆画。
已知环中心直径d和环剖面圆直径d₁。	画出中心圆的正等测投影。	在椭圆上取许多点为中心，画若干小圆，各小圆的直径均为1.22d₁。	画出各小圆的内外包络线，即为环的正等测图。

六、物体上平板圆角的画法

物体底板、凸台、凸缘部分的转角处，常做成圆角，如图 4-13a 所示。在轴测图上，圆角可按图 4-13b 所示的方法绘制。R 弧在轴测图上均为椭圆的一段，左边圆角可用大圆弧 r_1 画，右边圆角可用小圆弧 r_2 画，其中图 4-13c 是简便画法。在平板的圆角上各量 R 值得切点，并自该点作各边的垂直线，它们相交得 A、B 两点，A、B 两点就是 r_1 弧和 r_2 弧的圆心，垂直线长度就是半径。

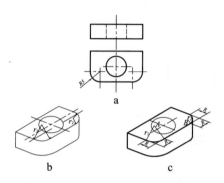

图 4-13 平板圆角轴测图的画法

七、正等测图画法综合示例

[例 1] 根据视图画出切割体的正等测图（图 4-14）。

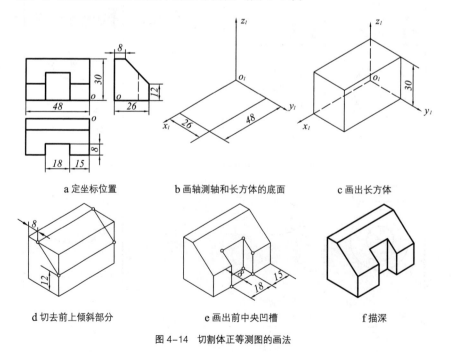

a 定坐标位置   b 画轴测轴和长方体的底面   c 画出长方体

d 切去前上倾斜部分   e 画出前中央凹槽   f 描深

图 4-14 切割体正等测图的画法

[例 2] 根据视图画出支架的正等测图（图 4-15）。

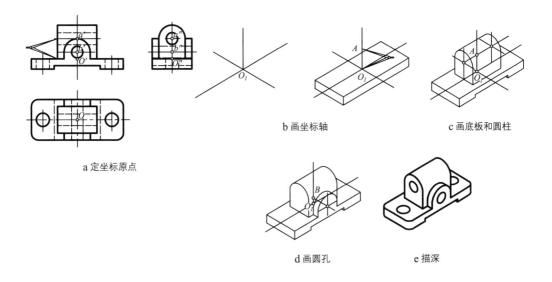

a 定坐标原点

b 画坐标轴

c 画底板和圆柱

d 画圆孔

e 描深

图 4-15 组合体正等测图的画法

第三节 斜二等轴测投影图（简称斜二测图）

一、斜二测图的形成和投影特性

当物体上的两个坐标轴 ox 和 oz 与轴测投影面平行，而投影方向与轴测投影面呈倾斜角度时，所得到的轴测图就是斜二测图，如图 4-16。制图标准中推荐的

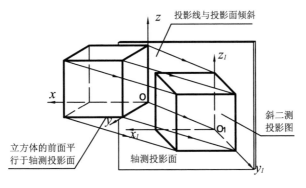

图 4-16 斜二测图的形成

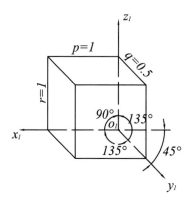

一种斜二测图，ox 与 oz 轴的轴向缩短系数都是 1，oy 轴的轴向缩短系数是 0.5，轴间角为：$\angle x_1o_1z_1=90°$，$\angle x_1o_1y_1=\angle y_1o_1z_1=135°$（图 4-17）。

斜二测图中 x_1-z_1 面平行于轴测投影面，凡是平行于这个坐标面的图形，其轴测投影反映实形，如图 4-17 中正立方体的前面仍是正方形，这是斜二测图的一个突出的特点。利用这一特点画单方向形状较复杂的物体，可使其轴测图简单、易画（参看图 4-20）。

二、圆的斜二测图

在斜二测图中，平行于 x_1-z_1 面的圆的投影仍为圆；平行于 x_1-y_1 和 y_1-z_1 面的圆的投影为椭圆，如图 4-18 所示，该椭圆的长轴约为 1.06d，短轴约为 0.35d，短轴与相应的轴测轴约成 7° 角相交，长轴与轴测轴不再垂直。图 4-19 是上述椭圆的近似画法。其中，图 4-19a 过 O_1 点作轴测轴 O_1x_1、O_1y_1 和 O_1z_1，以 O_1 为圆心、原来的圆直径为直径画一个圆，与 O_1z_1、O_1x_1 轴分别相交于 A、B、C、D 四点。图 4-19b 作直线 MN 与 AB 呈 7° 夹角，MN 就是椭圆的长轴方向，作直线 Ⅰ Ⅱ 垂直于 MN。在 Ⅰ Ⅱ 延长线上截取 I1=IO$_1$、II2=IIO$_1$，可得 1、2 两点。连接线 1A、2B 与线 MN 相交，得 3、

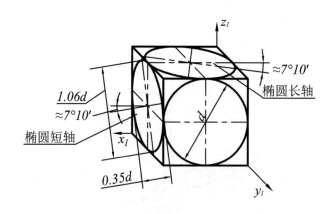

图 4-18 圆的斜二测图

4 两点。图 4-19c 以 1、2 为圆心，以 1A、2B 为半径分别作弧，然后以 3、4 为圆心，3A、4B 为半径分别画弧，即连成椭圆。

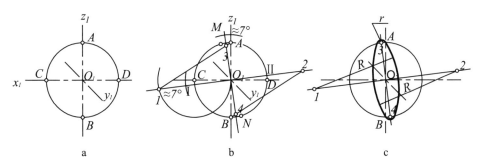

图 4-19 斜二测图椭圆的近似画法

三、斜二测图的画法示例

[例 1] 画圆盘的斜二测图（图 4-20）。

[例 2] 画支架的斜二测图（图 4-21）。

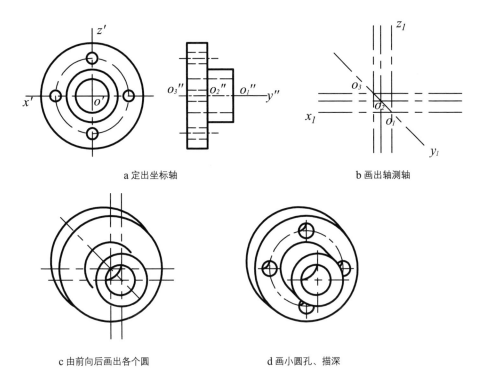

a 定出坐标轴

b 画出轴测轴

c 由前向后画出各个圆

d 画小圆孔、描深

图 4-20 圆盘的斜二测图的画法

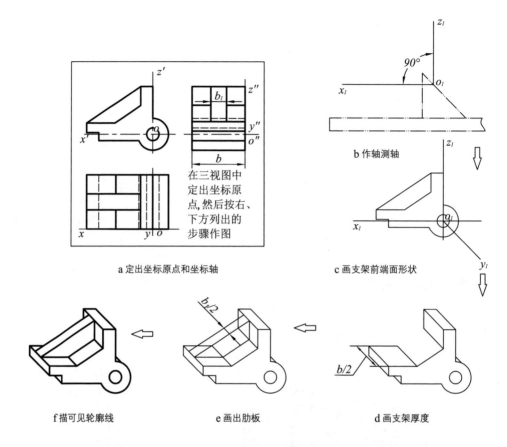

在三视图中定出坐标原点,然后按右、下方列出的步骤作图

a 定出坐标原点和坐标轴

b 作轴测轴

c 画支架前端面形状

f 描可见轮廓线

e 画出肋板

d 画支架厚度

图 4-21　支架的斜二测图的画法

第五章 | Chapter 5

组合体视图

第一节　组合体的组成分析

从形体角度看，一般的物体都可视为由一些基本形体（棱柱、棱锥、圆柱、圆锥、球和圆环等）组合而成，这种由基本形体组成的物体称为组合体。

一、组合方式

组合体一般有叠加和切割两种基本组合方式。

叠加式组合体一般是由几个简单的立体叠合而成。如图 5-1 所示的支架可以分析为由底板、支承板、圆柱筒和肋板四部分叠加而成。

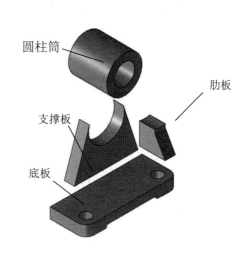

圆柱筒

肋板

支撑板

底板

图 5-1　支架

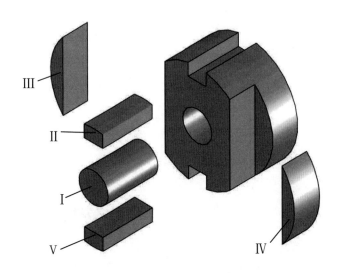

图 5-2　镶块

　　切割式组合体一般是一个基本形体被挖切去某些部分而形成。如图 5-2 所示，镶块是一个圆柱体被挖切去圆柱体 I 和 II、III、IV、V 等部分而形成的。

　　形状较复杂的组合体，它们的组合形式往往既有"叠加"，又有"切割"。

二、形体之间的表面连接关系

　　两形体在组合时，由于组合方式或结合面的相对位置不同，形体之间的表面连接关系有以下四种：

　　(1) 两形体的表面平齐，视图中两表面的投影之间不画线，如图 5-3 的主视图所示。

　　(2) 两形体的表面不平齐，视图中两表面的投影之间应有线分开，如图 5-3 左视图和图 5-4 主、左视图所示。

　　(3) 两形体的表面相切。表面相切是指形体的一个面与另一形体的面光滑连接起来。相切处不存在分界线，所以在视图中两表面的投影之间（即相切处）不画线，如图 5-5 所示。

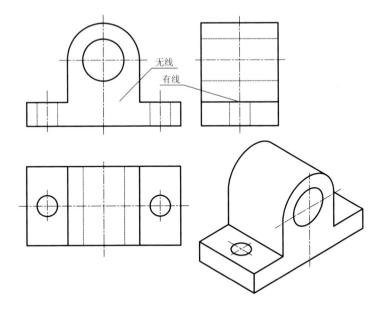

无线

有线

图 5-3 两表面平齐的组合形体

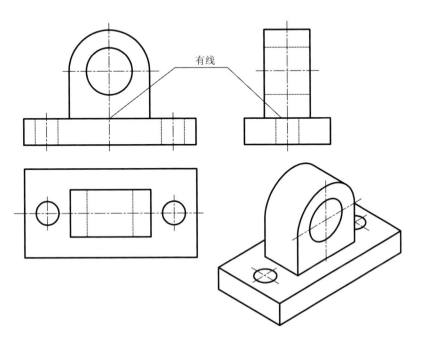

有线

图 5-4 两表面不平齐的组合形体

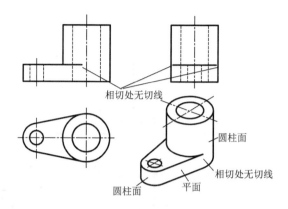

图 5-5 平面与圆柱相切的组合形体

(4) 两形体的表面相交。两形体的表面相交时产生交线，此交线为区分两形体表面的分界线，在视图中应该画出交线的投影，如图 5-6 所示。

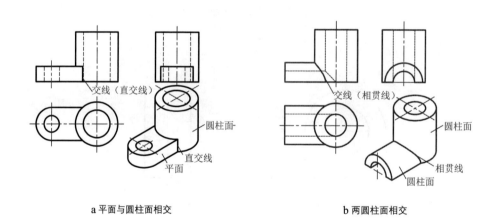

a 平面与圆柱面相交   b 两圆柱面相交

图 5-6 两表面相交的组合形体

第二节 组合体三视图的画法

画组合体视图时，首先要进行形体分析，在分析的基础上选择合适的视图，然后再具体画图。现以图 5-7 所示支架为例说明组合体三视图的画法。本节示例主要为叠加式组合体，切割式组合体的画图方法及步骤已在第四章中介绍，此不赘述。

一、形体分析

所谓形体分析，就是分析所画的组合体是由哪些基本形体按照怎样的方式组合而成的，明确各部分的形状、大小和相对位置关系，以及哪个基本形体是组成该组合体的主体部分，从而认清所画组合体的形体特征。这种分析方法称为形体分析法。

图 5-7a 所示的支架，可分解成图 5-7b 所示的底板、竖板和凸台。它们之间的组合形式是叠加。竖板在底板的右上方，凸台在底板的上部。竖板中间的孔可看成是从中切出一个圆柱，底板和凸台结合后切出一个圆头长方体而形成长圆孔，底板下部切出一个长方体（四棱柱）。形体之间的表面连接关系是：底板与竖板有三个表面共面，凸台与底板不共面。通过以上分析，对支架的组合便有了较清楚的认识。

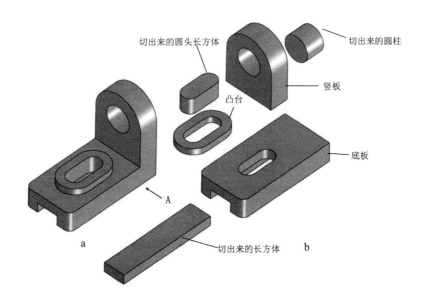

图 5-7 支架的组成分析

二、主视图选择

在表达物体形状的一组视图中，主视图是最主要的视图。主视图的投射方向确定后，其他视图的投射方向和视图之间的配置也就确定了。选择主视图一般应考虑如下三点：

（1）主视图一般应根据形状特征选择，即表示物体信息量最多的那个视图作为主视图。主视图能较多地表达组合体的形状特征和各基本形体相互之间的位置关系、组合形式等。如图 5-7a 所示，A 向投影比其他方向投影更能反映该形体的形状特征，所以选 A 向投影作为主视图较好。

（2）物体主视图的选定还要考虑使其他视图中呈现的虚线尽量少。

（3）为便于度量和作图，要将形体摆正放稳。摆正是指使形体主要平面或轴线平行或垂直于基本投影面，以便在视图中得到面的实形或积聚性投影。放稳是指使形体符合自然安放位置，图 5-8 所示是支架的另一安放位置，虽然主视图仍能反映支架的形体特征，但不符合其自然安放位置。

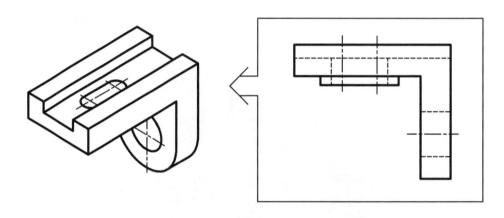

图 5-8　支架主视图的另一选择方案

图 5-9 中的四个组合体，分别应选哪个方向作为主视图投射方向？很明显 A 向比 B 向好。

三、选比例和定图幅

画图比例应根据所画组合体的大小和制图标准规定的比例来确定，一般尽量选用 1:1 的比例，必要时可选用适当放大或缩小的比例。按选定的比例，根据组合体的长、宽、高计算出三个视图所占的面积，并考虑标注尺寸和视图之间、视图与图框之间的间距，据此选用合适的标准图幅。

四、画图步骤

在形体分析和选定主视图的基础上，先根据物体大小选用标准的画图比例和图

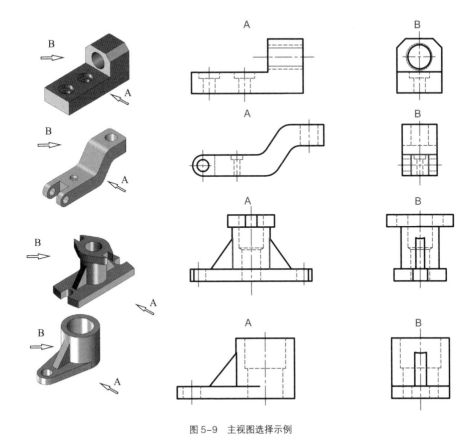

图 5-9 主视图选择示例

幅，在图纸上画出边框和标题栏，然后可按图 5-10 所示步骤，绘制物体的三视图。

（1）画出形体长、宽、高三个方向的作图定位基准线，以便度量尺寸和视图定位。一般应选择形体的对称面、形体上主要部分的大平面或轴线的投影作为定位基准线。如图 5-10a，画出了支架底板的底面在主、左视图上的投影，作为形体高度方向的定位基准线；形体的前后对称面在俯、左视图上的投影，作为形体宽度方向的定位基准线；形体竖板的右侧面在主、俯视图上的投影，作为形体长度方向的定位基准线。

（2）逐个画出支架各组成部分的三视图。一般先画形体的主要部分，每部分的三个视图应按长对正、高平齐、宽相等的投影规律画出，以保证视图间的三等关系，提高画图速度。并且，画图时应从显示它们实形的视图或投影有积聚性的视图画起，如竖板应先画左视图。如图 5-10b 所示，依次画出了底板、竖板的三视图。

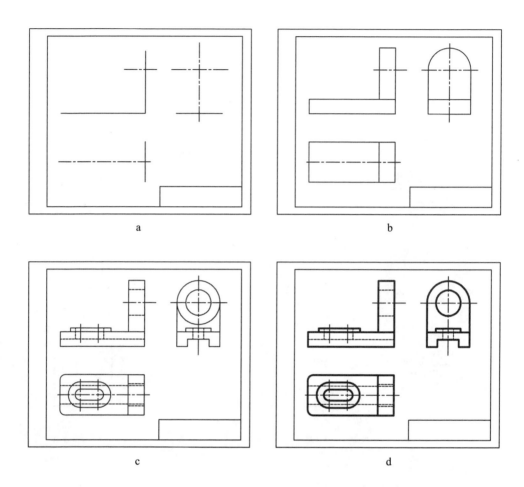

图 5-10　画支架三视图的步骤

（3）依次画出支架各组成部分的内部结构和细节形状，如图 5-10c 所示。

（4）检查、清理和描深。检查时，应特别注意形体各组成部分之间的表面连接关系是否准确地表达出来了。描探时，要力求做到线型一致，粗细分明，整齐清晰。描深的顺序一般遵循先曲后直，先粗后细，由上而下，从左至右的规则，如图 5-10d 所示。

图 5-11 展示了支座三视图的画图步骤，读者可参照具体步骤进行分析。

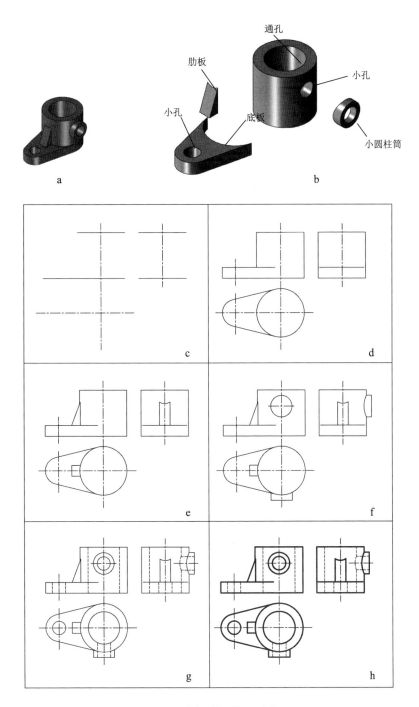

图 5-11 支座三视图的画图步骤

a 支座 b 形体分析 c 画各视图的作图基准线 d 画底板和大圆柱筒外圆柱面的投影 e 画肋板及其与大圆柱筒外圆柱面交线的投影 f 画小圆柱筒及其与大圆柱筒外圆柱表面的交线投影 g 逐个画出各孔及与孔交线的投影 h 校核后描深全图

第三节 组合体的尺寸标注

一、标注尺寸的基本要求

视图只能表达物体的形状，物体的大小则要根据视图上标注的尺寸来确定。视图中的尺寸是加工机件的重要依据，因此必须认真注写。视图中尺寸标注的基本要求是：

（1）正确。注写尺寸要正确无误，尺寸注法要遵守国家标准《机械制图》的有关规定。

（2）完整。注写尺寸必须齐全，要能完全确定出物体各部分形状的大小和位置，做到不重复、不遗漏。

（3）清晰。注写尺寸布局要有条理、整齐、便于看图。

（4）合理。所注尺寸要符合设计、制造和检验等的要求。

二、基本体、切割体和相交立体的尺寸注法

要想将组合体的尺寸标注得完整，必须先明确基本体、切割体和简单的相交立体的尺寸标注方法。

1. 基本体尺寸注法

标注基本体的尺寸，一般要注出它的长、宽、高三个方向的定形尺寸。图 5-12 是几种常见基本体的尺寸标注示例。对于回转体来说，通常只要注出径向尺寸（直径尺寸数字前须加注符号"φ"）和轴向尺寸。

2. 切割体尺寸注法

上述尺寸标注主要用来确定基本体自身的形状大小，即定形尺寸。在标注切割体的尺寸时，除应注出基本形体的定形尺寸外，还应注出确定截平面位置的定位尺寸。由于截平面在形体上的相对位置确定后，截交线即被唯一地确定，因此截交线不应再注尺寸。图 5-13 示出了几种切割体的尺寸注法。

3. 相交立体的尺寸注法

与切割体的尺寸注法一样，相交立体除了注出两相交基本体的定形尺寸外，还应注出确定两相交基本体相对位置的定位尺寸。定形尺寸和定位尺寸注全后，两相交基本体的交线（相贯线）即被唯一确定，因此交线也不需再注尺寸。图 5-14 示出

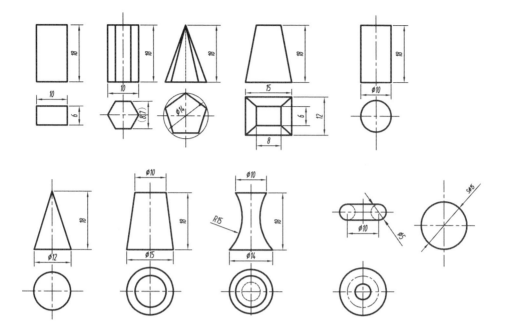

图 5-12　常见基本体的尺寸标注示例

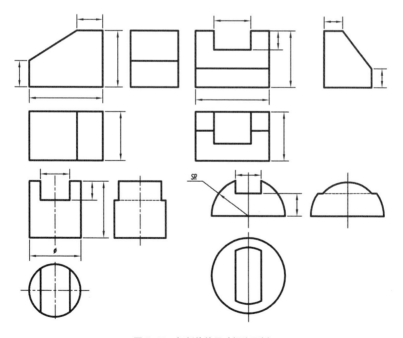

图 5-13　切割体的尺寸标注示例

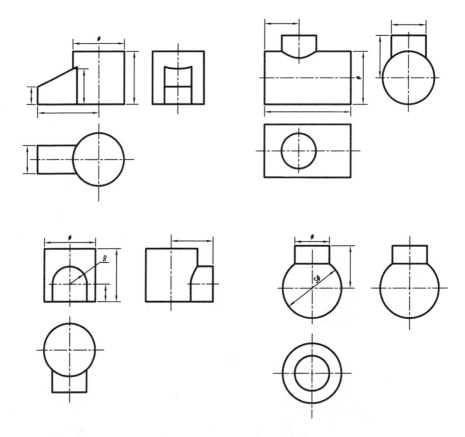

图 5-14　相交立体的尺寸标注示例

了几种相交立体的尺寸注法。

4. 机件上常见端盖、底板和法兰盘的尺寸注法

图 5-15 列出了机件上常见的端盖、底板和法兰盘的尺寸标法。从图中可以看出，板上用作穿螺钉的孔、槽等的中心定位尺寸都应注出，而且由于板的基本形状和孔、槽的分布形式不同，其中心定位尺寸的标注形式也不一样。例如，在类似长方形上按长、宽两个方向分布的孔、槽，其中心定位尺寸按长、宽两个方向进行标注；在类似圆形板上按圆周分布的孔、槽，其中心定位尺寸往往是用注定位圆（用细点画线画出）直径的方法标注。

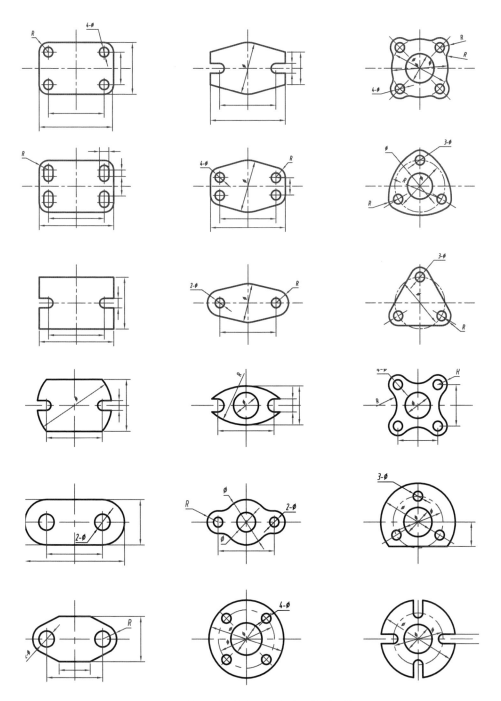

图 5-15　常见端盖、底板和法兰盘的尺寸标注示例

三、组合体的尺寸注法

1. 选定尺寸基准

在视图上标注尺寸，要先确定尺寸基准。尺寸基准是指尺寸的起始位置，或者说是度量尺寸的起点。由于组合体的长、宽、高三个方向都要标注尺寸，所以每一个方向至少应有一个尺寸基准。通常选用组合体的对称面、底面、端面、轴线或某个点等几何元素作为尺寸基准。如图 5-16 所示，支架是用竖板的右侧面作为长度方向尺寸基准，底板与竖板的对称平面作为宽度方向尺寸基准，底板的底面作为高度方向尺寸基准。

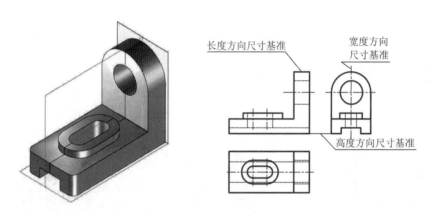

图 5-16　支架的尺寸基准分析

2. 标注尺寸要完整

尺寸标注要完整，应既无遗漏，又不重复或多余。有效的方法是先对组合体进行形体分析，然后根据各基本体及其相对位置分别标注定形、定位和总体三类尺寸。

（1）定形尺寸是表示各基本体长、宽、高三个方向上数值的尺寸。

（2）定位尺寸是表示各基本体之间相对位置的尺寸。

（3）总体尺寸是表示组合体外形的总长、总宽、总高的尺寸。

如图 5-17 所示，支架是由凸台、底板和竖板组成的，在它的各视图上，不但要注全各组成部分的大小尺寸，还要把各部分的定位尺寸注出来，图 5-18 示出了支架尺寸标注的步骤。

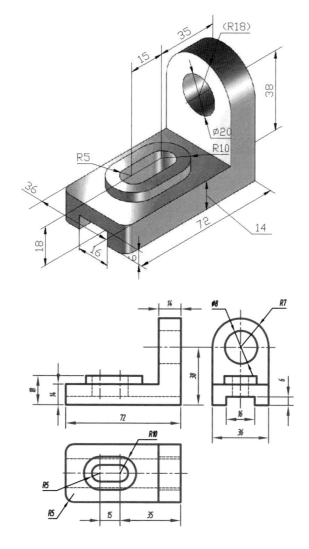

图 5-17 支架的尺寸分析

3. 注写尺寸要清晰

尺寸标注不仅要求完整，还要清晰明了。为此，除了严格遵守制图标准中规定的标注尺寸的基本规则外，还应注意以下几点：

（1）尺寸应尽可能标注在反映形体的形状特征最明显的视图上。如图 5-18c 中的 R5、R10 应注在俯视图上，不能注在主、左视图上。底板下部长槽的宽度和高度尺寸，注在反映其实形的左视图上较好（图 5-18d）。

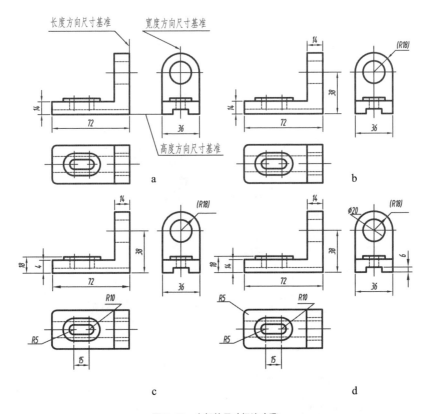

图 5-18　支架的尺寸标注步骤

（2）尺寸应尽量配置在视图的外面，以避免尺寸线和数字与轮廓线交错重叠，图 5-18d 的大部分尺寸都是这样处理的。竖板上圆孔的直径 φ20 注在左视图上，而不注在主视图上，是为了尽量避免在虚线上标注尺寸。

（3）同一视图上的平行并列尺寸，应使较小的尺寸靠近图形，较大的尺寸依次向外分布，以免尺寸线和尺寸界线互相交错，如图 5-18d 主视图上的 14 和 18。

（4）尺寸线与轮廓线、尺寸线与尺寸线之间的间隔要适当，一般取 7 毫米到 10 毫米。

（5）表示同一基本体在两个方向上的定形尺寸和确定其位置的定位尺寸，应尽可能集中注在一个视图上。如图 5-18c 中，凸台的定形尺寸和定位尺寸集中注在俯视图上，以便于看图。

图 5-19 是支座三视图，已标注了尺寸。请读者自行分析这些尺寸的标注是否符合上述原则。

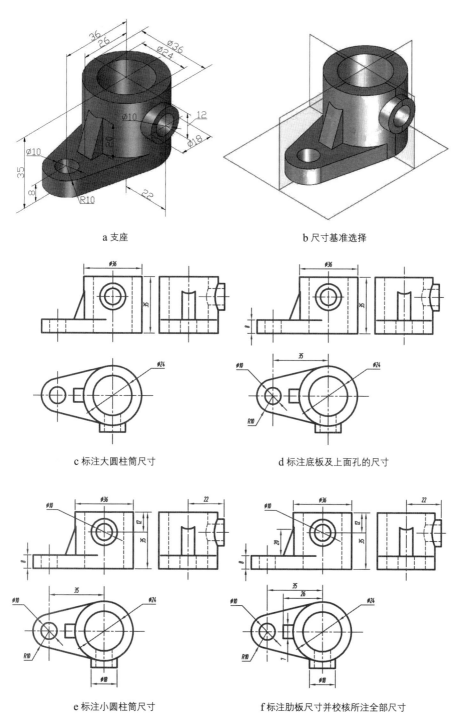

a 支座

b 尺寸基准选择

c 标注大圆柱筒尺寸

d 标注底板及上面孔的尺寸

e 标注小圆柱筒尺寸

f 标注肋板尺寸并校核所注全部尺寸

图 5–19 支座的尺寸标注

第四节　组合体三视图读图

看图与画图依据的基本原理和投影理论是相同的，画图是把空间中的形体在平面上绘制成视图，即由物到图；看图则是由给定的视图来识别物体的形状，即由图到物。看组合体视图的基本方法有形体分析法和线面分析法。

一、看图要点

（1）必须把几个视图联系起来看。一个视图只能反映物体一个方向上的形状，因此一个视图或两个视图通常不能确定物体的形状。看图时，必须将几个视图联系起来进行分析、联想、构思，才能想象出空间物体的形状。如图 5-20 所示，已知物体的主视图和左视图，仍然不能确定物体的形状，可构思出几个不同的形体。

（2）善于找出特征视图。特征视图就是能充分反映物体形状特征的那个视图。通过画组合体的视图可知，主视图能较多地反映物体的形状特征。因此，看图时一般先从主视图看起。但组成物体的各个部分的形状特征并非总是集中在一个视图上，可能每一个视图都有一些。如图 5-21 所示支架是由三个部分叠加而成，主视图反映形体 Ⅱ 的特征，俯视图反映形体 Ⅰ 的特征，左视图反映了形体Ⅲ的特征。看图时，要先抓住反映一个形体的形状特征较多的视图，然后联系其他视图进行联想、构思，这样才能较快、较正确地想象出该物体的形状。

（3）善于把握视图中表示形体之间连接关系的图线。图 5-22 所示两个支架，它们的主视图中只有一点不同，即竖板与底板投影之间的界线，一条是粗实线，一条是虚线。图 5-22a 主视图中为粗实线，说明竖板和底板的前端面不平齐，有前后之分，根据俯、左视图可看出竖板在后面；图 5-22b 主视图中为虚线，说明竖板的前端面与底板的前端面平齐（共面），由俯、左视图可看出竖板有

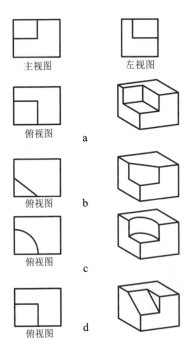

图 5-20　联想、构思形体

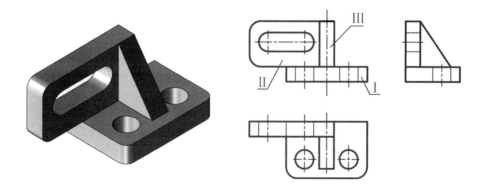

图 5-21 抓特征视图

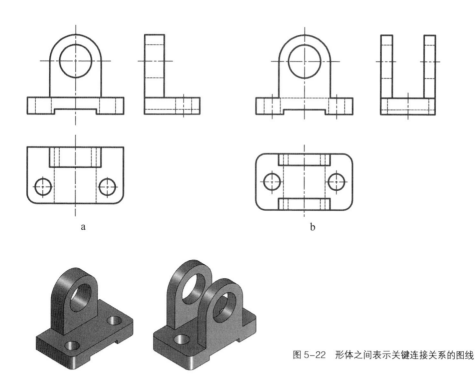

图 5-22 形体之间表示关键连接关系的图线

前、后两块，主视图中的虚线表示前后两竖板之间的底板上表面的不可见投影。

（4）善于分析视图中图线和线框的含义。

二、看图的方法与步骤

1. 形体分析法看图

形体分析法看图，主要用于看叠加式组合体的视图。通过画组合体的视图可知，在物体的三视图中，有投影联系的三个封闭线框，一般表示构成组合体某一简单部分的三个投影。因此，看图的要领是以特征视图为主，按封闭线框分解成几个部分，再与其他视图对投影，想象各部分的基本体形状、相对位置和组合方式，最后组合出物体整体形状，具体步骤如下：

（1）抓特征，分线框（图 5-23b）。

抓特征就是以特征视图为主，在较短的时间里对物体的形状有概括的了解。然后将视图分为几个线框，根据叠加式组合体的视图特点，每个线框代表了一个形体的某个方向的投影。如图 5-23a 所示的支架，主视图较多地反映了支架的形体特征，因此可将主视图分成四个主要线框：下部矩形线框Ⅰ，上部圆形线框Ⅱ，线框Ⅰ、Ⅱ之间是线框Ⅲ和Ⅳ，其中线框Ⅲ左边斜线与圆形线框Ⅱ相切。

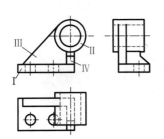

b 初步分析图中支架的形体特征

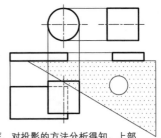

c 利用分线框、对投影的方法分析得知，上部
形体和底板的基本形状为圆柱体和长方体

a

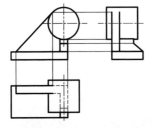

d 分析得知中间部分的形体为两块
正交支撑板

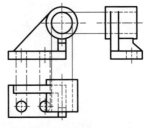

e 分析细节部分的形状，想象出支架的
整体形状

图 5-23　读支架的三视图

（2）对投影，识形体（图 5-23c、图 5-23d）。

根据主视图中的线框，及其与其他视图投影的三等对应关系，对对应的线框进行形体分析，分别想象出它们的形状。与下部矩形线框Ⅰ对应的俯视图、左视图投影也是矩形线框，可确定该部分基本形状是长方体；上部圆形线框Ⅱ，对应的左视图投影是矩形线框，对应的俯视图投影也是矩形线框，可确定该部分基本形状是圆柱体；中间左边部分线框Ⅲ是由直线、圆弧构成的四边形线框，对应的俯、左视图投影都是矩形线框，可确定是一块带圆弧面的三棱柱支撑板；中间右边部分线框Ⅳ是由直线、圆弧构成的四边形线框，对应其俯、左视图投影，可确定是一块四棱柱支撑板。视图中明显表示出了它们彼此之间的位置关系。

（3）看细节，综合想象整体形状（图 5-23e）。

本例底板上有两个安装圆孔，上部大圆柱中心有通孔。综合主体和细节，即可确切地想象出支架的整体形状。

2. 线面分析法看图

线面分析法主要用于看切割式组合体的视图。从线和面的角度去分析物体的形成及构成形体各部分的形状和相对位置的方法，称为线面分析法。看图时，根据线、面的正投影特性，线、面的空间位置关系，视图之间相联系的图线、线框的含义，可确定由它们描述的空间物体的表面形状和相对位置，进而想象出物体的形状。现以图 5-24 为例，说明用线面分析法看图的步骤。

（1）形体分析。

切割式组合体一般是由某个基本体切割而成的，因此应先根据视图进行形体分析，得出切割前的原基本体，再进行线面分析。图 5-24a 所示压板的三视图，经过了图 5-24b 的处理，可知其切割前的基本体是一个长方体。

（2）线面分析。

由俯视图中线框 p、主视图中图线 p′ 和左视图中线框 p″ 可知，P 为一正垂面，它切去了长方体的左上角（图 5-24c）。

从主视图中线框 q′、俯视图中图线 q 和左视图中线框 q″ 可知，Q 为铅垂面，将长方体的左前（后）角切去（图 5-24d）。

与主视图中线框 r′ 有投影联系的是俯视图中图线 r、左视图中图线 r″，所以 R 为正平面，它与一水平面将长方体前（后）下部切去一块长方体（图 5-24e）。

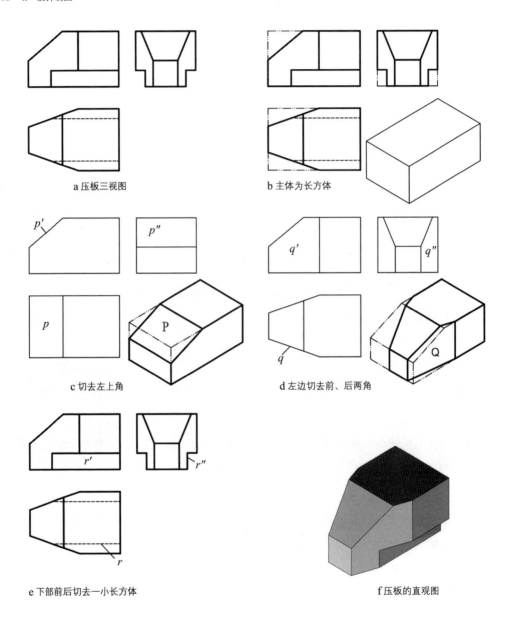

a 压板三视图

b 主体为长方体

c 切去左上角

d 左边切去前、后两角

e 下部前后切去一小长方体

f 压板的直观图

图 5-24　读压板的三视图

　　经过几次切割后，长方体剩余部分的形状就是压板的形状，如图 5-24f 所示。从直观图中可看出，由于长方体被不同的平面切割，其表面上产生了许多交线。

　　看图时，常把形体分析法和线面分析法综合应用。

三、看组合体三视图举例

[例 1] 读冲孔模架三视图（图 5-25a）。

（1）根据主视图中主要线框可知，冲孔模架中部主体是长方体，底部左、右两块是带圆弧的柱体（图 5-25b）。

（2）中部长方体中间切去了一块棱柱体（图 5-25c），上部左、右各切去一块三棱柱，后上部切去一块三棱柱体（5-25d）。

（3）长方体中间有钻孔和沉孔，左、右底板上各钻一个小孔（图 5-25e）。

（4）冲孔模架的形状如图 5-25f 中直观图所示。

[例 2] 看图 5-26a 所示切割体的三视图。

（1）将三视图最大外轮廓线框补齐，可知此切割体截切前的基本体为长方体（四棱柱体）。

（2）分析各视图中切角、切口的投影，确定各截平面的位置：

主视图中线条 1′ 与俯视图中线框 1、左视图中线框 1″ 具有投影联系（图 5-26b），由投影特点可知平面 I 是正垂面，它切去长方体的左上角。

俯视图中线条 2 与主、左视图中线框 2′、2″ 具有投影联系（图 5-26c），分析可知平面 II 是铅垂面，它切去长方体的左前角。I 、II 两面的共有部分（交线）为 AB（三面投影为 ab、a′b′、a″b″），它是一条倾斜线。

线条 3″、4″ 构成左视图中的缺口，在主、俯视图中，与线条 3″、4″ 具有投影联系的分别是线框 3′ 和线条 3、线条 4′ 和线框 4，它们分别构成正平面III和水平面IV，这两个平面切去长方体的前上角而形成缺口（图 5-26d）。

（3）综合上述分析可想象出图 5-26e 所示的立体形状。

四、根据两视图补画第三视图

在两个视图已经确定了物体形状的情况下，可根据已给的视图想象出物体的形状，并画出其第三视图。因此，补画第三视图是一种看图与画图的综合练习，也是检验是否能真正看懂视图的有效方法。

补画视图时，要根据形体分析的结果，按各组成部分逐个进行，先画大的部分，后画小的部分；先画外形，后画内部结构；先画叠加部分，后画切割部分。

图 5-27a 中，已知支架的主视图和俯视图，求作左视图。具体步骤为：

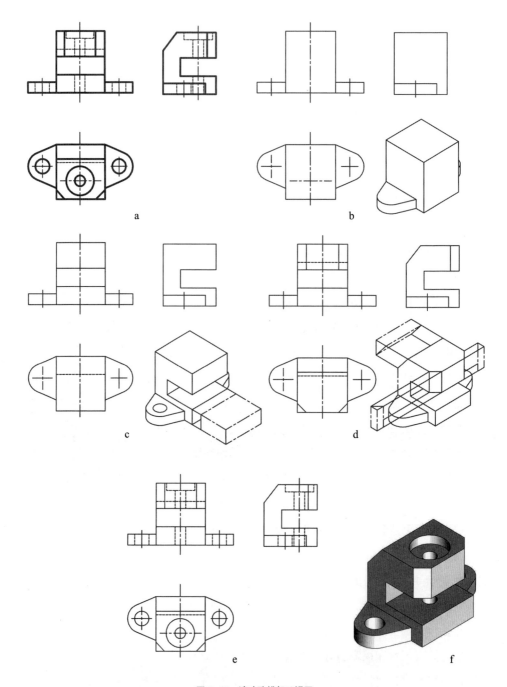

图 5-25　读冲孔模架三视图

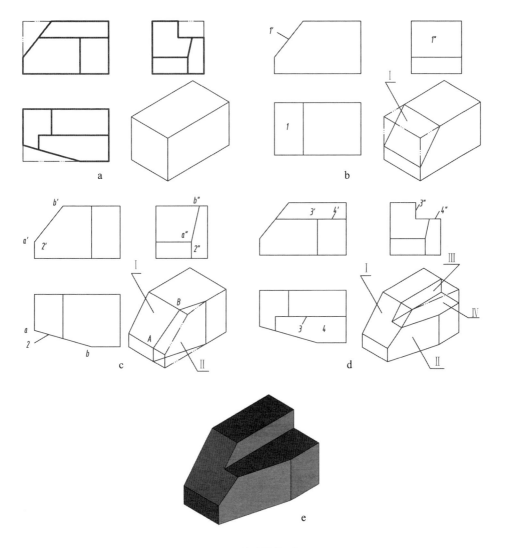

图 5-26 读切割体的三视图

（1）根据主视图和俯视图的主要线框可知，支架的基本主体为一部分圆柱体，按投影关系画出该部分圆柱体的左视图（图 5-27b）。

（2）圆柱体左、右两边用侧平面和水平面各切去一块，在左视图上反映侧平面的实形（图 5-27c）。

（3）圆柱体上部中间用侧平面和半圆柱面切去一块带半圆柱的长方体（通槽），底部左、右各钻一小孔（图 5-27d）。

在画图时，应注意中间通槽左、右两侧平面与主体圆柱面的交线为直线，槽底半圆柱面与主体圆柱面相交的交线为相贯线。

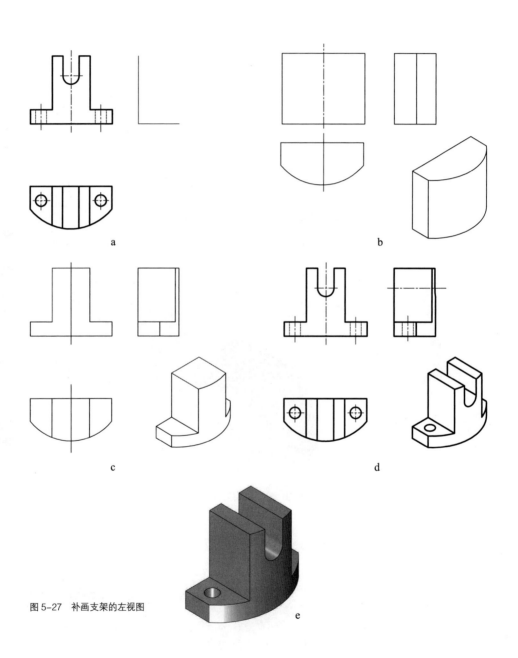

图 5-27 补画支架的左视图

第六章 | Chapter 6

物体的表达方法

由于使用要求不同，机件的结构、形状是多种多样的。结构、形状比较复杂的机件，采用前面介绍的三视图就难以将其内外形状表达清楚。为此，国家标准《技术制图》中的"图样画法"（GB/T17451-1998）规定了视图、剖视图、断面图和各种规定画法等多种表达方法。其基本要求为："绘制技术图样时，应首先考虑看图方便。根据物体的结构特点，选用适当的表示方法。在完整、清晰地表示物体形状的前提下，力求制图简便。"本章的任务就是介绍物体的各种常用表达方法。

第一节　机件外形的表达——视图

视图主要用来表达机件的外部结构和形状，一般只画出机件的可见部分，必要时才用虚线表达其不可见部分。

视图通常包括基本视图、向视图、局部视图和斜视图。

一、基本视图

1. 六个基本视图的产生

基本视图是机件向基本投影面投射所得的视图。根据国家标准的规定，用正六面体的六个面作为基本投影面（如图 6-1a），把机件放置在该正六面体中间，然后用正投影的方法向六个基本投影面分别进行投射，就得到了该机件的六个基本视图：主视图、俯视图、左视图、右视图、仰视图和后视图。

六个基本投影面展开的方法如图 6-1b 所示。

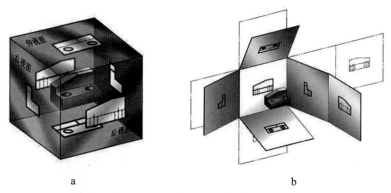

a   b

图 6-1   六个基本视图的产生与展开

2. 六个基本视图的配置及投影规律

六个基本视图（GB/T14692-1998）的配置关系如图 6-2 所示。在同一张图纸内按图 6-2 配置视图时，可不标注视图的名称。

六个基本视图之间仍符合"长对正，高平齐，宽一致"的投影规律，即主、俯、仰、后四个视图等长，主、左、右、后四个视图等高，俯、仰、左、右四个视图等宽。

3. 六个基本视图的应用

在表达机件的形状时，不是任何机件都需要画出六个基本视图，应根据机件结

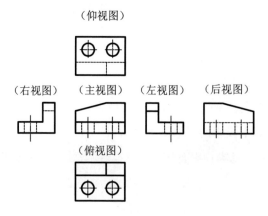

图 6-2   六个基本视图的配置

构特点按需要选择其中的几个视图。一般优先选用主、俯、左三个基本视图，然后再考虑是否需要增加其他基本视图。

图 6-3 所示的机件，除采用主、左视图外，还选用了右视图，以表达该机件右端面孔的形状。图 6-4 所示支架在选用主、俯、左三视图外，又选用了一个后视图，以表达支架后面上孔的形状和位置，避免了主视图上出现过多的虚线。图 6-5 所示圆盘，若只选用主、左两视图（俯视图不画），则势必要在左视图上同时表现圆盘左、右两面的形状，这样就必然会虚实线交叠，影响清晰度，因此又增加了一个右视图表达圆盘右面形状。

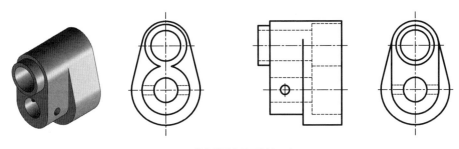

图 6-3　基本视图应用示例（一）

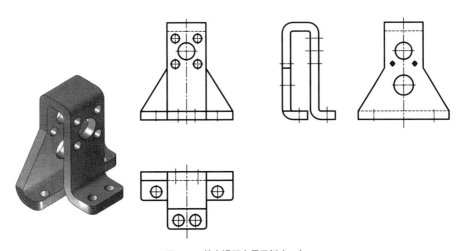

图 6-4　基本视图应用示例（二）

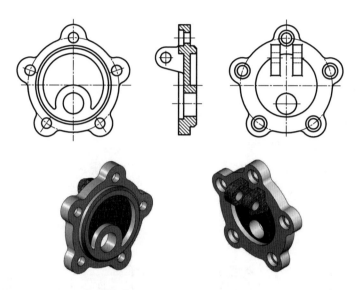

图 6-5　基本视图应用示例（三）

二、向视图

向视图是可自由配置的基本视图。

向视图的上方要标注"X"（"X"为大写拉丁字母），在相应视图的附近要用箭头指明投射方向，并标注相同的字母（图 6-6）。

三、局部视图

1.局部视图的定义

局部视图是将机件的某一部分向基本投影面投射所得的视图。实际绘图时，要

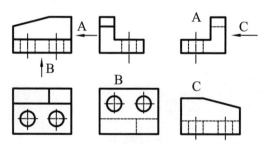

图 6-6　向视图的配置及标注

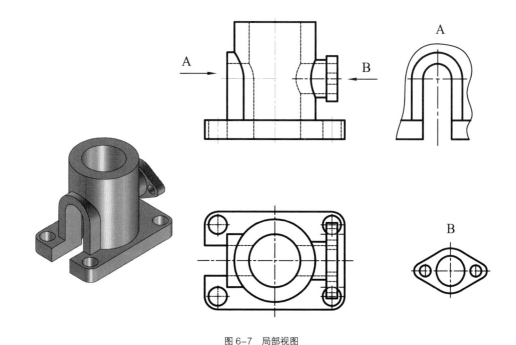

图 6-7 局部视图

正确地理解，灵活地把握。局部视图的绘制遵循向基本投影面投射的基本原则。如图 6-7 所示，画出支座的主、俯两个基本视图后，仍有两侧的凸台形状没有表达清楚，这样的局部结构显然没有必要画出完整的基本视图（左视图和右视图），故采用了 A 向和 B 向两个局部视图来代替左、右两个基本视图，这样既可以做到表达完整，又使视图简明，避免了重复，看图、画图都很方便。

2. 局部视图的表达形式

局部视图的表达形式通常有两种：

（1）局部视图所表达的只是机件某一部分形状，故需要画出断裂边界，局部视图的断裂边界通常以波浪线表示，如图 6-7 的 A 向视图。

（2）当局部视图外形轮廓呈封闭状态，且所表示的机件的局部结构是完整的，可省略表示断裂边界的波浪线，如图 6-7 的 B 向视图。

3. 局部视图的配置与标注

局部视图可按基本视图的配置形式配置，也可按向视图的配置形式配置并标注（图 6-7）。画局部视图时，一般在局部视图的上方标出视图的名称"X"，在相应的视图附近用箭头指明投影方向，并注上同样的字母。当局部视图按投影关系配置，中间又没有其他图形隔开时，可省略标注，如图 6-7 中的"A"可省略不注。

为了节省绘图时间和图幅，对称机件的视图可只画一半或四分之一，并在对称中心线的两端画出两条与其垂直的平行细实线，如图 6-8、图 6-9 所示。

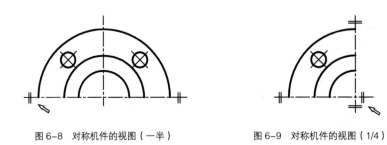

图 6-8 对称机件的视图（一半）   图 6-9 对称机件的视图（1/4）

四、斜视图

1. 斜视图的定义

当机件上某部分倾斜结构不平行于任何基本投影面时（图 6-10），在基本视图中不能反映该部分的实形，并且标注该倾斜结构的尺寸也不方便。为此，可设置一

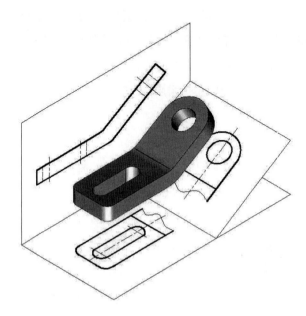

图 6-10 斜视图的产生

个平行于倾斜结构且垂直于一个基本投影面的辅助投影面，作为新的投影面，然后将该倾斜部分向新投影面投射，就可得到反映该部分实形的视图。因此，斜视图是机件向不平行于基本投影面的投影面投射所得的视图。

当机件倾斜部分投影后，必须将辅助投影面沿投射方向旋转到与所垂直的基本投影面重合，以便将斜视图与其他基本视图画在同一张图纸上，如图 6-11 中的 A 向斜视图。

2. 斜视图的表达形式

斜视图主要用来表达机件上倾斜部分的实形，故其余部分不必全画出，断裂边界用波浪线表示，如图 6-11 中的 A 向斜视图。

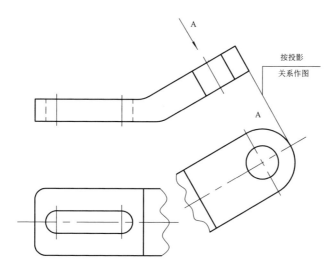

图 6-11 斜视图的画法及其配置

当斜视图外形轮廓呈封闭状态，且所表示的机件的倾斜结构是完整的，可省略表示断裂边界的波浪线，如图 6-12 中的 A 视图。

3. 斜视图的配置与标注

斜视图通常按向视图的配置形式配置并标注（图 6-11），必要时允许将斜视图旋转配置。表示该视图名称的大写拉丁字母应靠近旋转符号的箭头端（如图 6-12 的 A 向斜视图），也允许将旋转角度标注在字母之后。角度值是实际旋转角大小，箭头

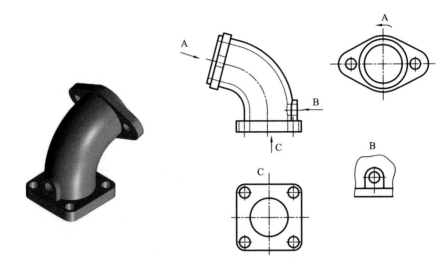

图 6-12 局部视图和斜视图示例

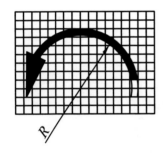

图 6-13 旋转符号的尺寸和比例

方向是旋转的实际方向。旋转符号的尺寸和比例如图 6-13 所示。

第二节 机件内形的表达——剖视图

在前面所讲的视图中，机件上不可见部分的投影是用虚线表示的（图 6-14）。若其内部形状比较复杂，视图上就会出现较多的虚线。虚线与外形轮廓线交叠在一起，影响图面清晰，既不便于看图，也不利于标注尺寸。因此，制图标准规定采用剖视图来表达机件的内部形状。

一、剖视图的基本概念

1.什么是剖视图

如图 6-15 所示，假想用剖切面（平面或曲面）剖开机件，将处在观察者和剖切面之间的部分移去，而将其余部分向投影面投射所得的图形，称为剖视图，简称剖

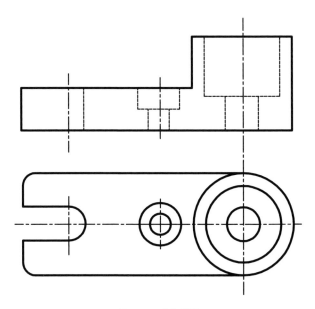

图 6-14　支架视图

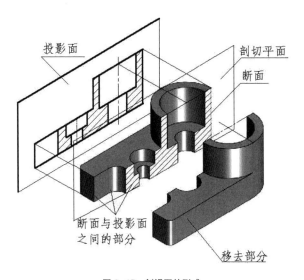

图 6-15　剖视图的形成

视。如图 6-16 所示，原来不可见的孔、槽都变成了可见的，与没有剖开的视图相比，层次分明，清晰易懂。

2. 剖视图的画法

（1）确定剖切平面的位置。用平面剖切机件，一般应通过内部孔、槽等结构的对称面或轴线，且使其平行或垂直于某一投影面，以便使剖切后的孔、槽的投影反映实形。例如，图 6-15 中的剖切平面通过支架的孔和缺口的对称面而平行于正面。这样剖切后，剖视图上就能清楚地反映出台阶孔的直径和缺口的深度（图 6-16）。

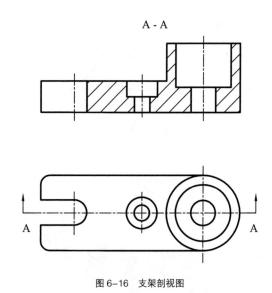

图 6-16　支架剖视图

（2）画轮廓线的投影。画剖视图不仅要画出剖切平面与机件实体相交的截面轮廓线的投影，还须画出剖切平面后面的机件部分的投影。

（3）画剖面符号。剖切面与物体的接触部分称为剖面区域。在剖视图上，为了区分机件被剖切面切到的实体部分和未与剖切面接触的部分，制图标准规定在剖面区域画上剖面符号。当不需在剖面区域（见 GB/T17452）表示材料的类别时，可采用通用剖面线表示。通用剖面线应以适当角度的细实线（见 GB/T17450）绘制，最好与主要轮廓或剖面区域的对称线呈 45°（图 6-17）。

在同一金属材料的零件图中，各个剖视图的剖面线应画成间隔相等、方向相同且与主要轮廓线呈 45° 的相互平行的细实线。

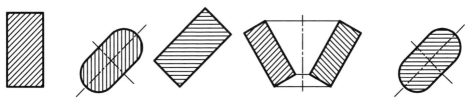

图 6-17 通用剖面线的绘制

若需在剖面区域中表示材料的类别，应采用特定的剖面符号。国家标准规定了各种材料的剖面符号，见表 6-1。

表 6-1 不同材料的剖面符号示例

金属材料（已有规定的剖面符号者除外）		木质胶合板（不分层数）	
线圈绕组元件		基础周围的泥土	
转子、电枢、变压器和电抗器等的叠钢片		混凝土	
非金属材料（已有规定的剖面符号者除外）		钢筋混凝土	
型砂、填砂、粉末冶金、砂轮、陶瓷、刀片、硬质合金刀片等		砖	
玻璃及供观察用的其他透明材料		格网（筛网、过滤网等）	
木材	纵剖面	液体	
	横剖面		

（4）标注剖视图。机械制图中，剖视图的标注内容及规则如下：

①在剖视图的上方用大写拉丁字母标出剖视图的名称"X–X"，在相应的视图上用指示剖切面起、迄和转折位置的剖切符号（线宽1—1.5b，长约5—10毫米的粗实线）表示剖切平面的剖切位置，用箭头表示投射方向。应在剖切平面的起、迄和转折处注上同样的字母（图6-16）。

②当剖视图按投影关系配置，中间又没有其他图形隔开时，可以省略箭头。例如，图6-16所示主视图中剖切符号起、迄处的箭头可省略不画。

③当单一剖切平面通过机件的对称平面或基本对称平面，剖视图按投影关系配置，中间又没有其他图形隔开时，可省略全部标注（图6-16）。

3. 画剖视图应注意的问题

（1）剖视图是假想将机件剖开后画出的，其实机件没有被剖开。所以，除剖视图按规定画法绘制外，其他视图仍按完整的机件投影画出，如图6-16中的俯视图。

（2）画剖视图时，应将剖切平面与投影面之间机件部分的可见轮廓线全部画出，不能遗漏。如图6-18a所示，箭头处就漏画了台阶孔后半个台阶面的积聚性投影线；图6-18b漏画了圆柱端面后半部分的投影线。

（3）剖视图中，对已经在其他视图中表达清楚的结构，其虚线可以省略。当机件的结构没有表示清楚时，在剖视图中仍需画出虚线。如图6-16主视图中没有画出

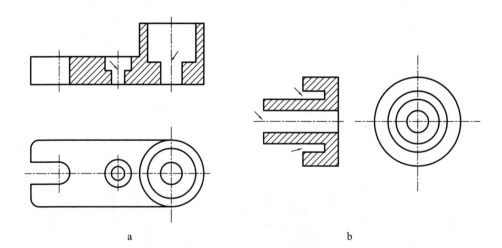

a   b

图6-18　剖视图中漏画轮廓线示例

底板被遮挡部分的投影，而在图 6-19 所示主视图中，连接板的厚度和两圆柱的交线
应在主视图中画出虚线来表示。

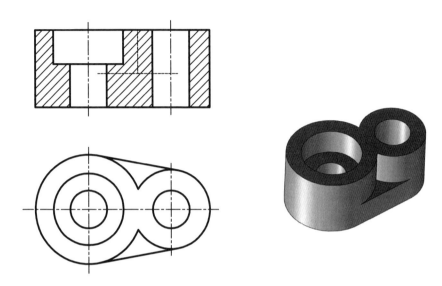

图 6-19　剖视图中画虚线示例

二、剖视图的种类

GB/T17452-1998 规定，剖视图分为全剖视图、半剖视图和局部剖视图三种。

1. 全剖视图

用剖切面完全地剖开物体所得的剖视图，称为全剖视图。如图 6-20 所示主视图，

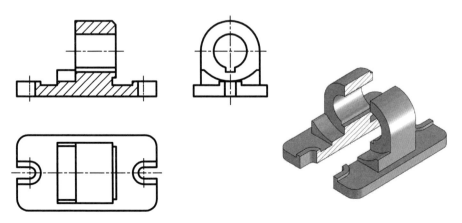

图 6-20　全剖视图

为了表示机件中间的通孔和两边的槽，选用一个平行于正面，且通过机件前、后对称平面的剖切平面，将机件完全剖开后向正面投射得到全剖视图。

全剖视图主要用于表达外形简单或外形在其他视图中已表示清楚而内部形状复杂的不对称机件，或外形简单的对称机件，如图 6-21 所示轴套机件。

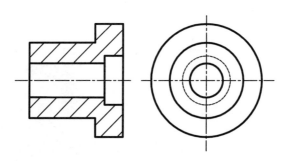

图 6-21　外形简单对称的机件

2. 半剖视图

当物体具有对称平面时，向垂直于对称平面的投影面上投射所得的图形，以对称中心线为界，一半画成剖视图，另一半画成视图，这种剖视图称为半剖视图。

如图 6-22 所示的支座，它的内、外形状都比较复杂，但前后、左右是对称的。为了清楚地表达它的内、外形状，可采用图 6-23 所示的表达方法。主视图以左、右对称中心线为界，一半画成视图，表达其外形；另一半画成剖视图，表达其内部阶梯孔。俯视图以前、后对称中心线为界，后一半画成视图，表达顶板及四个小孔的

图 6-22　支座

形状和位置；前一半画成 A-A 剖视图，表达凸台及其上面的小孔。根据支座左右对称的特点，俯视图也可以以左、右对称中心线为界，一半画成视图，一半画成剖视图，如图 6-24 所示，其表达效果是一样的。看图时，根据机件形状对称的特点，可从半剖视图联系其他视图想象出机件的内部形状，从半个外形视图又可想象出机件的外部形状，即可较全面和容易地掌握机件的整体结构形状和相对位置。半剖视图主要用于内、外形状都需要表示的对称机件。当机件的形状基本对称，且不对称部分另有视图表达时，也可画成半剖视图，如图 6-25 所示。

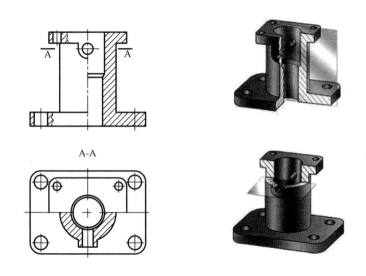

图 6-23 半剖视图（一）

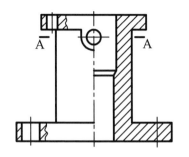
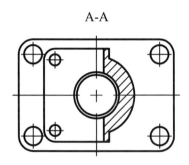

图 6-24 半剖视图（二）

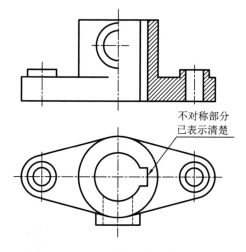

不对称部分
已表示清楚

图 6-25　基本对称机件

画半剖视图时应注意：

（1）在半剖视图中，一半剖视图和一半视图的分界线是该机件对称平面的投影，用点画线画出。一半剖视图可画在分界线的任意一边。如图 6-23 所示，主视图中间以竖直方向的点画线为分界线，俯视图中间以水平方向的点画线为分界线。

（2）在半剖视图中，机件的内部形状已经在半个剖视图中表达清楚，因此在半个外形图中不必画虚线（图 6-24）。

（3）当机件的形状接近对称且不对称部分已另有图形表达清楚时，也可画成半剖视图（图 6-25）。

（4）在半剖视图中标注机件对称结构的尺寸时，尺寸线应略超过对称中心线并在尺寸线一端画出箭头，如图 6-26 所示 φ22、φ25 等尺寸。

3. 局部剖视图

用剖切面局部地剖开机件所得的剖视图，称为局部剖视图。局部剖视图主要用于表达机件的局部结构形状，如图 6-27 所示。支座的主视图上有两处局部剖视图，分别表达圆柱内部的台阶孔和底板上的两孔。俯视图采用了一处局部剖视图，以表达小圆柱凸台上的通孔。

局部剖视图还用于不宜采用全剖视图或半剖视图的机件，如图 6-28 所示的轴、图 6-29 所示的连杆等。在一个视图中，选用局部剖的数量不宜过多，否则会显得零

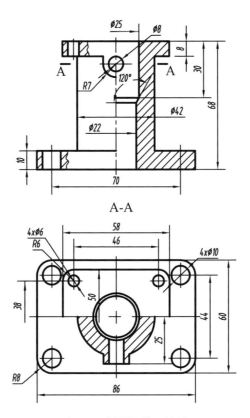

A-A

图 6-26 半剖视图的尺寸标注

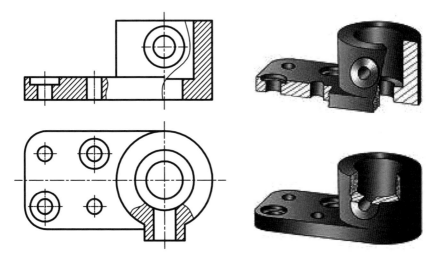

图 6-27 支座的局部剖视图

乱，影响图形清晰度。

画局部剖视图时，应注意以下几点：

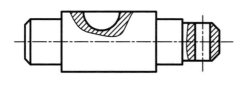

图 6-28　轴的局部剖视图

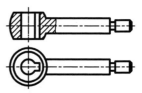

图 6-29　连杆的局部剖视图

（1）局部剖视图中表达外形的视图部分与表达内部结构的剖视部分用波浪线分界，如图 6-27 所示。

（2）当对称机件在对称中心线处有图线而不便采用半剖视图时，可使用局部剖视图表示，如图 6-30 所示。

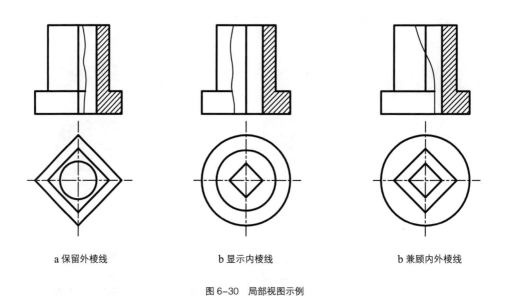

a 保留外棱线　　　　　　　　　b 显示内棱线　　　　　　　　　b 兼顾内外棱线

图 6-30　局部视图示例

（3）波浪线的画法。波浪线可视为机件被剖开时，假想断裂面的投影。因此，波浪线只在机件的实体部分画出，遇通孔和通槽时无波浪线，如图 6-31b、6-31c 中的箭头所指。波浪线不能伸出视图轮廓之外，如图 6-31a 中的 B 向箭头所指，也不能与图样上的其他图线重合，如图 6-31a 中的 A 向箭头所指。

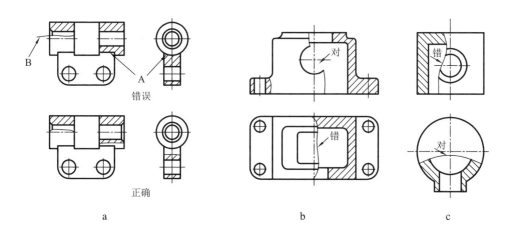

图 6-31　波浪线画法正、误对照

三、剖切面的种类

根据机件的结构特点，GB/T17452-1998 规定可以选择以下剖切面剖开机件。

1. 单一剖切面

单一剖切面（平面或曲面）剖开机件，图 6-16 是采用单一剖切平面获得的全剖视图，图 6-23 是采用单一剖切平面获得的半剖视图，图 6-27 是采用单一剖切平面获得的局部剖视图。

单一斜剖切面是用不平行于任何基本投影面的剖切平面剖开机件。如图 6-32 所示机件的 A-A 剖视图是用通过两圆孔轴线的倾斜剖切平面（该平面垂直于正面）剖开机件，然后按箭头所指方向进行投影画出的。图 6-33a 中的 B-B 剖视图也是采用单一斜剖切平面获得的全剖视图。

采用单一斜剖切平面绘制的剖视图，应尽可能按投影关系配置在箭头所指的对应位置，如图 6-32 中的 A-A 和图 6-33a 中的 B-B 视图所示。必要时也可将该图平移到其他适当的位置。在不会引起误解时，允许将图形旋转放正，并在剖视图上方标注字母和旋转符号，见图 6-33a 中的 B-B 视图。

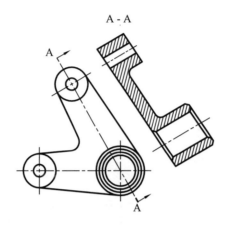

图 6-32　单一斜剖切平面示例（一）

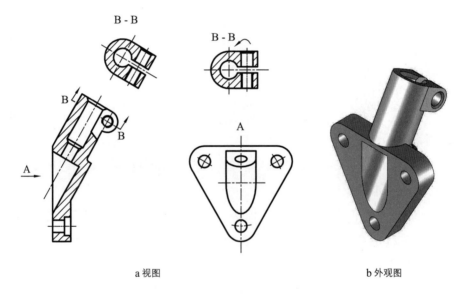

a 视图　　　　　　　　　　　　　b 外观图

图 6-33　单一斜剖切平面示例（二）

2. 几个平行的剖切平面

　　几个平行的剖切平面，可能是两个，也可能是两个以上。如图 6-34a 所示支座，由于各孔的轴线不在同一平面内，它的内部结构形状需要用两个互相平行的剖切平面，分别通过不同圆柱孔的轴线进行剖切，并在获得的全剖视图（主视图）中表示清楚（相同的内部结构只剖开一处表示即可，如底板上的台阶孔），如图 6-34b 中的 A-A 主视图。

为了看图方便，采用几个平行的剖切平面绘制剖视图时，必须在相应视图上用剖切符号和字母标注剖切平面的位置，用箭头指明投影方向，在剖视图上方用相同的字母标注剖视图名称，如图 6-34b 所示。

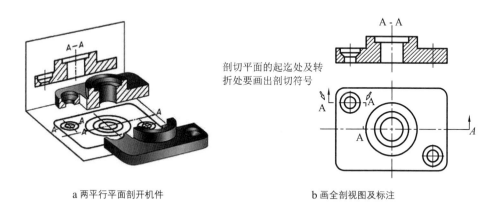

剖切平面的起迄处及转折处要画出剖切符号

a 两平行平面剖开机件　　　　　　b 画全剖视图及标注

图 6-34　两个平行的剖切平面

采用几个平行的剖切平面画剖视图时，应注意以下几个问题：

（1）在剖视图中不要画出各剖切平面转折处分界面的投影，如图 6-35 中箭头所示。

（2）要正确选择剖切平面的位置，在剖视图内不应出现不完整要素。图 6-35 中全剖视的主视图中出现了不完整的孔，图形中出现不完整的要素时，应适当调整剖切平面的位置。当机件上的两个要素在图形上具有公共对称中心线或轴线时，可以各画一半，此时应以对称中心线或轴线为界，如图 6-36 所示。

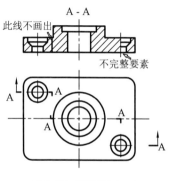

此线不画出

不完整要素

图 6-35　错误画法（一）

(3) 剖切符号的转折处，不要与视图中的轮廓线重合，如图 6-37 中的箭头所示。

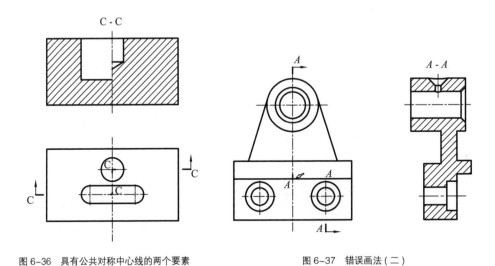

图 6-36　具有公共对称中心线的两个要素　　　　　图 6-37　错误画法（二）

图 6-38 中，主视图是采用两个相互平行的剖切平面获得的半剖视图。图 6-39 中，主视图是采用两个相互平行的剖切平面获得的局部剖视图。

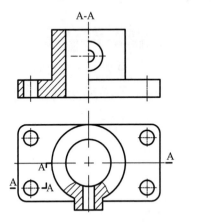

图 6-38　采用两个平行的剖切平面画半剖视图

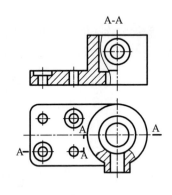

图 6-39　采用两个平行的剖切平面画局部剖视图

3. 两个相交的剖切平面

用两个相交的剖切平面剖切机件，必须保证其交线垂直于某一投影面，通常是基本投影面。如图 6-40 所示，A-A 是两个相交的剖切平面，其中一个平行于水平面

（H面），另一个与水平面呈倾斜角度，但其交线垂直于正面（V面），交线即是机件整体的回转轴。

采用两个相交剖切平面的方法绘制剖视图时，先假想按剖切位置剖开机件，然后将被剖切面剖开的结构和有关部分旋转到与选定的投影面平行，再进行投射，如图 6-40a 所示。这样得到的剖视图既反映实形又便于绘制，如图 6-40b 所示。

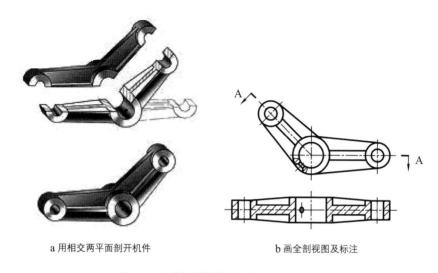

a 用相交两平面剖开机件　　　　　　　b 画全剖视图及标注

图 6-40　两个相交的剖切平面剖切机件（一）

图 6-41 是采用两个相交的剖切平面剖开机件的另一图例，其剖切平面的交线垂直于侧面。

采用两个相交的剖切面画剖视图时应注意：

（1）在剖切平面后的其他结构一般仍按原来的位置投影。这里提到的"其他结构"，是指处在剖切平面后，与所表达的结构关系不甚密切的结构，或一起旋转容易引起误解的结构，如图 6-40 所示的油孔。

（2）当剖切后产生不完整要素时，此部分应按不剖绘制，如图 6-42 中的臂板。

用两个相交的剖切平面绘制剖视图时，必须按规定在剖视图上方标注剖视图名称，在相应视图上用剖切符号和字母标注剖切平面的位置，用箭头指明投影方向（如按投影关系配置，中间又无其他图形隔开时，允许省略箭头），如图 6-40、图 6-41 所示。

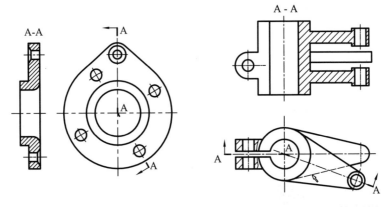

图 6-41 两个相交的剖切平面剖切机件（二）　　图 6-42 不完整要素的绘制

图 6-43 中主视图是获得的半剖视图。图 6-44 是采用两个相交的剖切平面获得的局部剖视图。

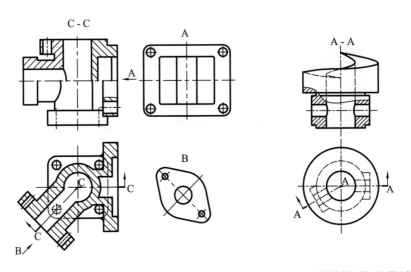

图 6-43 两个相交的剖切平面应用示例（一）　　图 6-44 两个相交的剖切平面应用示例（二）

4. 组合的剖切平面

一组组合的剖切平面可以平行或倾斜于投影面，但它们必须同时垂直于另一个投影面。如图 6-45 所示的机件，用几个平行的剖切平面或两个相交的剖切平面都不能将其内部结构表达完整，因此采用一组组合的剖切平面。

图 6-46 也是采用组合的剖切平面获得的全剖视图。

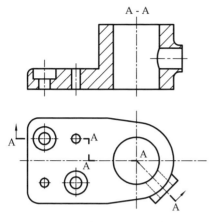

图 6-45　组合的剖切平面应用示例（一）

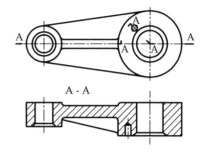

图 6-46　组合的剖切平面应用示例（二）

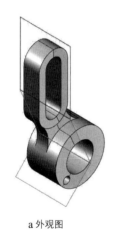

a 外观图

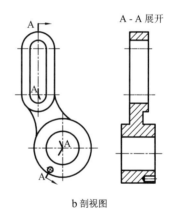

b 剖视图

图 6-47　剖视图按展开绘制

　　当连续采用几个相交的剖切平面剖开机件时，用这种"先剖切后旋转"的方法绘制的剖视图中往往有些部分的图形会伸长，剖视图因此要展开绘制。如图 6-47 所示，用三个剖切平面剖开机件，由于下方两个剖切平面均需旋转到与侧面平行，因而剖视图展开后被"拉长"了，它和主视图的部分投影不再保持投影关系，这时，需在剖视图的上方标注"X-X展开"字样。

　　以上分别叙述了国家标准中规定的剖视图和剖切面的种类。对于不同类型的机件，选用何种剖视图和剖切面，要根据机件的结构形状、表达的需要来确定。表 6-2 列出了以机件通常采用的四种剖切面种类画出的三种剖视图，供读者参考。

表6-2　不同类型剖切方法示例

剖视图种类＼剖切面种类	单一剖切面	几个平行的剖切面	两相交的剖切面	组合的剖切面
全剖视图		H-H	G-G	B-B
半剖视图		C-C　A-A	A-A	D-D
局部剖视图		F-F	E-E	C-C

四、剖视图中的规定画法

1. 肋板和轮辐在剖视图中的画法

画剖视图时，常遇到如图 6-48a 和 6-49a 所示的加强肋板和轮辐等结构。当剖切平面通过肋板和轮辐的对称平面或对称线时，称为纵向剖切。制图标准规定，纵向剖切肋板和轮辐时，剖面区域都不画剖面线，而用粗实线将它与其邻接部分分开，如图 6-48b 的左视图和图 6-49b 的主视图中箭头所指。

当剖切平面将肋板和轮辐横向剖切时，要在相应的剖视图的剖面区域上画上剖面符号，见图 6-48b 的俯视图所示。

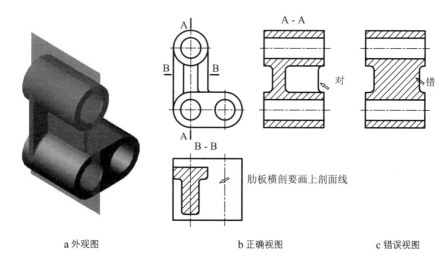

a 外观图   b 正确视图   c 错误视图

图 6-48 剖视图按展开绘制

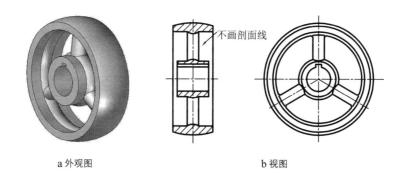

a 外观图   b 视图

图 6-49 轮辐在剖视图中的画法

2.回转体上均匀分布的肋板、孔、轮辐等结构的画法

在剖视图中，当剖切平面不通过零件回转体上均匀分布的肋板、孔、轮辐等结构时，可将这些结构旋转到剖切平面的位置，再按剖开后的对称形状画出，如图6-49b中的主视图画出了对称的轮辐图形。图6-50a主视图中，右边对称画出了肋板，左边对称画出了小孔中心线（旋转后的）。在图6-50b中，虽然没剖切到四个均布的孔，但仍将小孔沿定位圆旋转到剖切平面的位置进行投射，且小孔采用简化画法，即画一个孔的投影，另一个只画中心线。

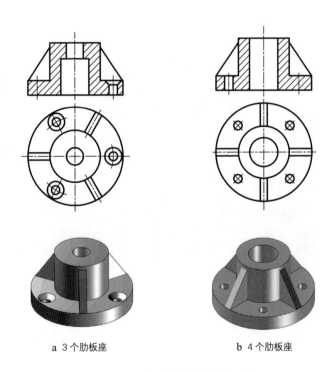

a 3个肋板座　　　　　　　　b 4个肋板座

图6-50　均匀分布的肋板和孔的画法

第三节　断面形状的表达——断面图

一、断面图的概念（GB/T17452-1998）

假想用剖切面将机件的某处切断，仅画出该剖切面与机件接触部分的图形，称为断面图，简称断面，如图6-51所示。断面图在机械图中常用来表示机件上某处的断面

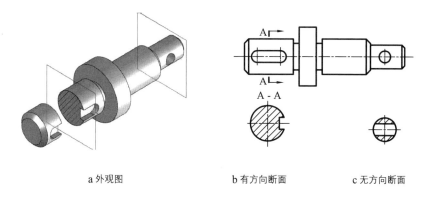

a 外观图	b 有方向断面	c 无方向断面

图 6-51 断面图

结构和形状，如机件上的肋板、轮辐、键槽、小孔、杆料和型材的断面形状。

二、断面图的种类

GB/T17452-1998 规定断面图可分为移出断面和重合断面两种。

1. 移出断面

移出断面图的图形画在视图之外，轮廓线用粗实线绘制，如图 6-51b 所示。单一剖切平面、几个平行的剖切平面、两个相交的剖切平面和组合的剖切平面同样适用于断面图。

（1）移出断面的画法规定。

① 剖切平面应与被剖切部分的主要轮廓垂直，由两个或多个相交的剖切平面剖切所得的移出断面图一般中间应断开，如图 6-52 所示。

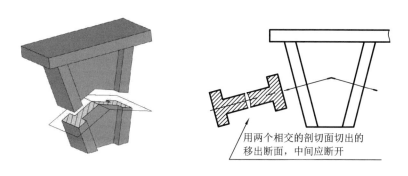

用两个相交的剖切面切出的
移出断面，中间应断开

图 6-52 两个相交的剖切面剖得的移出断面

② 当剖切平面通过回转面形成的孔或凹坑的轴线时，这些结构应按剖视图绘制，如图 6-51c 右边断面图中的孔、图 6-53 所示的圆柱凹坑。

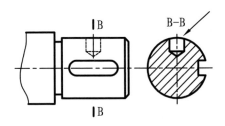

图 6-53　断面图规定画法（一）

③ 当剖切平面通过非圆孔，导致断面出现完全分离的两部分时，这些结构应按剖视图绘制，如图 6-54 中 A-A 所示。

（2）移出断面的配置原则。

① 移出断面图可配置在剖切符号的延长线上，如图 6-51b 所示。

② 移出断面图可配置在剖切线的延长线上，剖切线是剖切平面与投影面的交线，用细点画线表示，如图 6-52 所示。

③ 如果机件的断面形状一致或呈均匀变化时，移出断面图可配置在视图的中断处，如图 6-55 所示。

④ 必要时移出断面图可配置在其他适当位置，如图 6-53 中的 B-B 移出断面图。在不会引起误解时，允许将图形旋转，如图 6-54 所示。

2. 重合断面

重合断面图的图形应画在视图之内，断面轮廓线用细实线绘制，如图 6-56 所

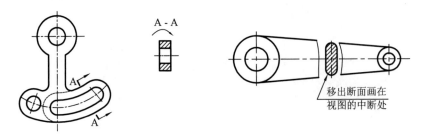

图 6-54　断面图规定画法（二）　　　　　图 6-55　移出断面图示例

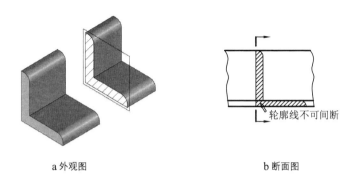

a 外观图   b 断面图

图 6–56 重合断面

示。当视图中的轮廓线与重合断面图的图形重叠时，视图中的轮廓线仍应连续画出，不可间断（图 6-56）。

三、断面图的标注

1. 移出断面的标注

（1）移出断面一般用剖切符号表示剖切位置，用箭头表示投影方向，并注上字母。在断面图的上方用同样的字母标出相应的名称"X-X"，如图 6-51b 中"A-A"。经过旋转后的断面图应加注旋转符号，如图 6-54 中的 A-A 旋转配置。

（2）配置在剖切符号延长线上的不对称移出断面可省略字母（图 6-57a），而对称的移出断面则可省略标注，如图 6-51c 右端的断面。

（3）不配置在剖切符号延长线上的对称移出断面（图 6-57b）和按投影关系配置的不对称移出断面（图 6-53）均可省略标注。

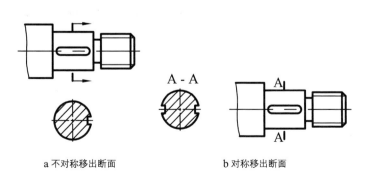

a 不对称移出断面   b 对称移出断面

图 6–57 断面图标注示例

2. 重合断面的标注

(1) 重合断面图形不对称时，须画出剖切符号和指明投影方向的箭头（图 6-56b）。

(2) 重合断面图形对称时，剖切符号、箭头和字母均可省略。如图 6-58b 主视图上部所示的两个对称重合断面。

图 6-58 是同时采用移出断面和重合断面的综合示例。

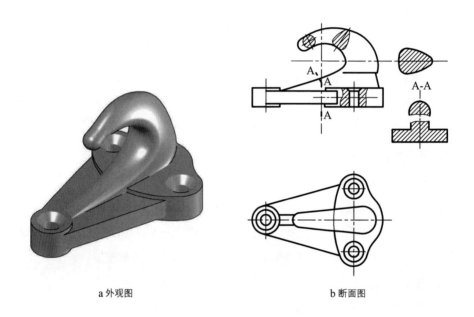

a 外观图   b 断面图

图 6-58　断面图应用示例

第四节　局部放大图、其他规定画法与简化画法

为了视图清楚和画图简便，GB/T16675.1-1996 规定了机件的图样中可采用局部放大、简化表示法、规定表示法和示意表示法。下面简单介绍部分内容。

一、局部放大图

将机件的部分结构用大于原图形采用的比例画出的图形称为局部放大图，如图 6-59、图 6-60 所示。

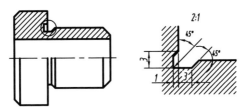

图 6-59 局部放大图示例（一）

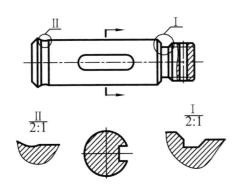

图 6-60 局部放大图示例（二）

局部放大图可画成视图、剖视、断面，它与被放大部分的表达方式无关。局部放大图应尽量配置在被放大部位的附近。

画局部放大图，一般要用细实线圈出被放大的部位。当机件上仅有一个放大部分时，在局部放大图的上方只需注明所采用的比例（图 6-59）；有几个被放大的部分时，须用罗马数字依次标明被放大部位，在局部放大图的上方标注出相应的罗马数字和采用的比例（图 6-60）。

二、简化画法

1. 若干相同结构的简化画法

当机件具有若干相同结构（齿、槽等），并按一定规律分布时，只需画出几个完整的结构，用细实线连接其余结构的顶部或底部，但须注明该结构的总数，如图 6-61、图 6-62、图 6-63 所示。

2. 若干直径相同孔的简化画法

若干直径相同且规律分布的孔（圆孔、螺孔、沉孔等），可仅画一个或几个，其

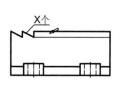

图 6-61　相同点的表示法

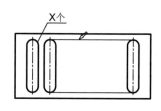

图 6-62　相同长形孔的表示法

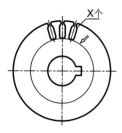

图 6-63　相同槽的表示法

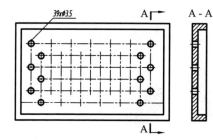

图 6-64　直径相同的圆孔画法示例（一）

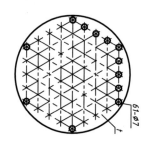

图 6-65　直径相同的圆孔画法示例（二）

余用点画线表示中心位置，注明孔的总数，如图 6-64、图 6-65 所示。

3. 滚花和网状物的画法

机件上的滚花部分、网状物或编织物，一般在轮廓线附近用细实线局部画出的方法表示，并在零件图上或技术要求中注明这些结构的具体要求，如图 6-66、图 6-67 所示。

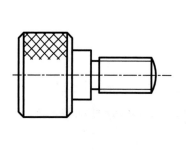

图 6-66　滚花网纹表示

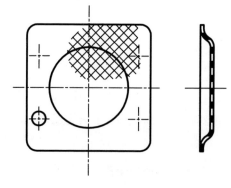

图 6-67　网状物画法示例

4. 较小平面的画法

当回转体零件上的平面在图形中不能充分表达时，可用两条相交的细实线表示这些平面。这种表示法常用于较小的平面，表示外部平面和内部平面的符号是相同的，如图 6-68、图 6-69 所示。

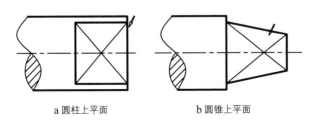

a 圆柱上平面　　　　b 圆锥上平面

图 6-68　小平面的表示法

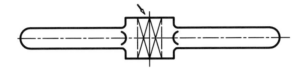

图 6-69　方孔内小平面表示法

5. 折断画法

较长机件（轴、杆、型材、连杆等）沿长度方向的形状一致或按一定规律变化时，可断开后缩短绘制，如图 6-70、图 6-71 所示。

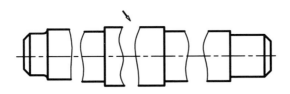

图 6-70　折断画法示例（一）

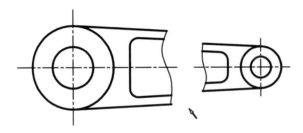

图 6-71　折断画法示例（二）

6. 相贯线、过渡线简化画法

铸造和锻造的机件，表面交线多不明显，常用圆弧过渡表示。为了表示出相交表面的分界，画图时仍按没有过渡圆弧时的交线绘制，即用过渡线画出，但过渡线两端不与零件的轮廓线相交（图 6-72b、图 6-72c）。在不会引起误解时，图形中的过渡线、相贯线可以简化，例如用圆弧或直线代替非圆曲线（图 6-72a）。

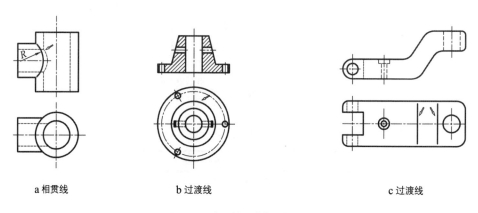

a 相贯线   b 过渡线   c 过渡线

图 6-72   相贯线、过渡线的画法

7. 其他简化（或省略）表示法

（1）机件上较小的结构，如果在一个视图上已表示清楚，其他图形可简化或省略，如图 6-73、图 6-74 两个主视图上省略了某些交线。

机件上斜度不大的结构，如在一个视图中已表达清楚，其他图形可按小端画出（图 6-75）。

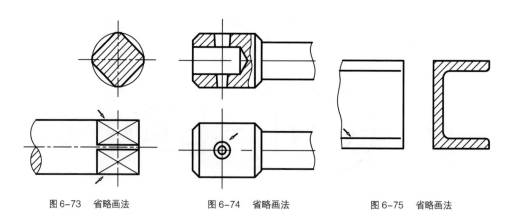

图 6-73   省略画法   图 6-74   省略画法   图 6-75   省略画法

（2）机件上对称结构的局部视图，可按图 6-76 所示的简化方法绘制。

（3）圆柱形法兰和类似机件上均匀分布的孔，可按图 6-77 所示的方法绘制。

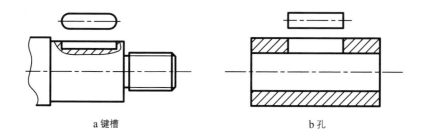

a 键槽　　　　　　　　　　　　　b 孔

图 6-76　对称结构局部视图的简化画法

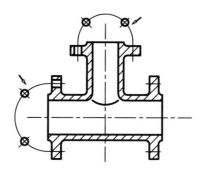

图 6-77　圆柱形法兰上孔的简化画法

第五节　表达方法综合应用

　　本节是对第六章所讲内容的综合应用。画图时，应针对某一机件的结构特点恰当选择表达方法，确定表达方案。

　　面对一个机件，可先制定出几个表达方案，通过认真分析、比较后，再确定一个最佳方案。确定表达方案的原则是：在正确、完整、清晰地表达机件各部分结构形状的前提下，力求视图数量恰当、绘图简单、看图方便。选择的每个视图都应有一定的表达重点，同时要注意彼此间的联系和分工。现以支架（图 6-78）的两种表达方案为例，做简要的分析。

1.形体分析

通过形体分析，了解机件的组成和结构特点。支架由两个圆筒、十字肋板、长圆形凸台组成，凸台与上面的圆筒叠加后，又开了两个小孔，下面的圆筒前边有两个沉孔。

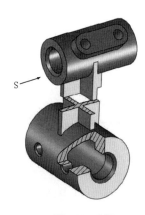

图6-78　支架

2.选择主视图

为反映机件的形状特征，根据支架上两个圆筒的轴线交叉垂直，且上圆筒上的凸台不平行于任何基本投影面的特点，将支架下圆筒的轴线水平放置，并以图6-78中所示的 S 作为主视图的投影方向。图 6-79a 方案中，主视图是采用单一剖切面的局部剖视图，既表达了肋板、上圆筒、下圆筒、凸台和下圆筒前边两个沉孔的外部结构形状、位置关系，又表达了下圆筒内阶梯孔的形状。图 6-79b 方案中，主视

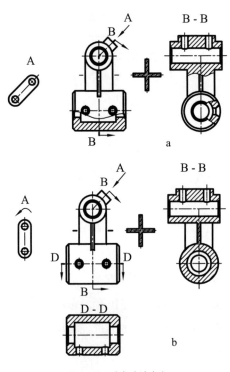

图6-79　支架表达方案

图是外形图。

3. 选择其他视图

该机件上圆筒上的凸台倾斜，在俯视图和左视图中均不能反映凸台的实形，而且也有内部结构需要表达。因此，根据机件的结构特点，方案 a 中左视图上部采用两个相交的剖切平面剖切获得的局部剖视图，下圆筒上的沉孔采用单一剖切面的局部剖。这样既表达了上、下两圆筒与十字肋板的前后关系，又表达了上圆筒上的孔、凸台上的两个小孔和下圆筒前边的两个沉孔的形状。为表达凸台的实形，采用了 A 向斜视图。为表达十字肋板的断面形状，采用了移出断面。在方案 b 中，左视图采用了两个相交的剖切平面剖切获得的全剖视图。在此视图上，肋板与下圆筒剖开无意义。由于下圆筒上的阶梯孔和圆筒前边的两个沉孔没有表达清楚，又增加了 D–D 全剖视图。以上两种表达方案比较而言，方案 a 更佳。

第七章 | Chapter 7
标准件与常用件

在机器或仪器中，有些大量使用的机件，如螺栓、螺母、螺钉、键、销、轴承等，它们的结构和尺寸均已标准化，被称为标准件。还有些机件，如齿轮、弹簧等，它们的部分参数已标准化，被称为常用件。本章将分别介绍这些机件的结构、画法和标注方法。

第一节　螺纹及螺纹紧固件

螺纹是零件上常用的一种结构，如各种螺钉、螺母、丝杠等都具有螺纹结构。螺纹的主要作用是连接零件或传递动力（图 7-1）。

一、螺纹的基本知识

1. 螺纹的形成

螺纹是根据螺旋线形成的原理制作出来的。如图 7-2 所示，当一动点 M 沿圆柱面的母线 AB 做等速直线运动，同时该母线又围绕圆柱轴线做等角速回转运动，则动点 M 运动的轨迹即为圆柱螺旋线。

在车床上车削螺纹是一种常见的螺纹加工方法。如图 7-3 所示，将工件装夹在与车床主轴相连的卡盘上，使它随主轴做等速旋转，同时使车刀沿主轴轴线方向做等速移动，当车刀切入工件达一定深度时，就会在工件表面上车制出螺纹。在圆柱体外表面上的螺纹叫外螺纹，在圆柱孔内表面上的螺纹叫内螺纹。

根据螺纹使用场合的不同，可选择不同几何形状的刀具来制作各种牙型的螺纹。

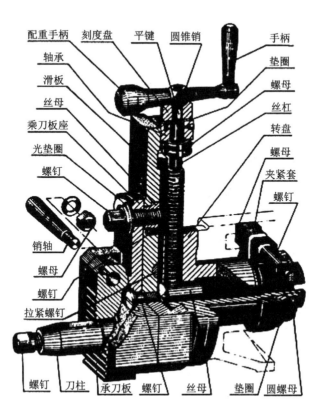

图 7-1 螺纹件的应用（牛头刨床刀架）

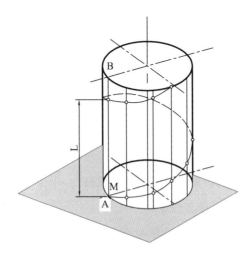

图 7-2 圆柱螺旋线的形成

a 加工外螺纹   b 加工内螺纹

图 7-3 在车床上加工螺纹

2. 螺纹的基本要素

螺纹的基本要素包括牙型、直径、螺距、线数和旋向等。

（1）螺纹牙型是指螺纹件轴向剖面的轮廓形状，常用的有三角形、梯形、锯齿形等（表 7-1）。

（2）螺纹的直径有三种：大径（d、D）、小径（d1、D1）和中径（d2、D2）。

螺纹的大径是指与外螺纹牙顶或内螺纹牙底相重合的假想圆柱面的直径（图 7-4），即螺纹的最大直径。螺纹的大径通常又称为规格尺寸或公称直径（管螺纹除外）。

螺纹的小径是指与外螺纹牙底或内螺纹牙顶相重合的假想圆柱面的直径，即螺纹的最小直径。

螺纹的中径是指螺纹的牙齿厚度与牙槽宽度相等处的假想圆柱面的直径，它近似或等于螺纹的大径和小径的平均值。

（3）线数（n），螺纹有单线和多线之分。在同一螺纹件上只有一条螺纹的叫单线螺纹（图 7-5a），在同一螺纹件上有几条螺纹的叫多线螺纹。图 7-5b 为一段双线螺杆，它的上面做了两条螺纹。一般连接用的螺钉、车床上的传动丝杠等都是单线螺纹，而摩擦压力机的螺杆是多线螺纹。

（4）导程（s）和螺距（p）。在车制螺纹时，工件旋转一周，刀具沿轴线方向移动的距离叫导程，即同一条螺旋线上相邻两牙在中径线上对应两点之间的轴向距离。

表 7-1　各种常用螺纹的牙型及用途

连接螺纹		传动螺纹面	
粗牙（细牙）普通螺纹	GB193-2003 牙型是等边三角形，螺纹顶角是 60°，牙顶和牙底都削平。粗牙螺纹用于一般机件的连接。细牙螺纹用于薄壁或紧密连接的地方。	梯形螺纹	GB5792-2005 用于须承受两个方向轴向力的地方，如车床的丝杠等。
非螺纹密封的官螺纹（G）	GB7307-2008 用于管路零件。		GB7307-2008 用于只承受单向轴向力的地方，例如虎钳、千斤顶、丝杠等。
用于螺纹密封的锥管螺纹（R）	GB7307-2008 用于机器上的燃料管、油管、水管、气管的连接，也用于各种堵塞。	矩形螺纹	 矩形螺纹是非标准螺纹，多用于虎钳、千斤顶、螺旋压力机。

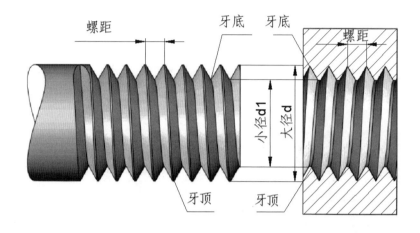

图 7-4　螺纹各部分的名称

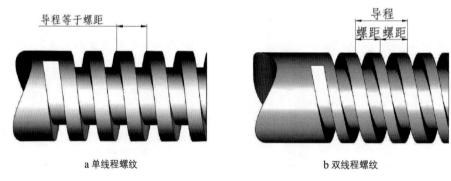

a 单线程螺纹　　　　　　　　　　　　b 双线程螺纹

图 7-5　螺纹的线数

螺距是螺纹件上相邻两牙在中径线上对应两点之间的轴向距离。单线螺纹的螺距等于导程（图 7-5a）；如果是双线螺纹，由图 7-5b 可知，一个导程包括两个螺距，则螺距＝导程 /2；若是三线螺纹，螺距＝导程 /3。因此，螺距和导程之间的关系可以用下式表示：螺距＝导程 / 线数。

（5）旋向是指螺纹旋进的方向。螺纹有右旋与左旋之分（图 7-6），按顺时针方向旋进的螺纹称为右旋螺纹，按逆时针方向旋进的螺纹称为左旋螺纹。

上述五项要素中，改变其中任何一项，都会得到不同规格的螺纹。因此，相互旋合的内、外螺纹这五项要素必须相同。

为了便于设计和制造，国家标准中规定了一些标准的牙型、大径和螺距。这三

a 左旋螺纹　　　　　　　　　　b 右旋螺纹

图 7-6　螺纹的旋向

项都符合国家标准的称为标准螺纹，牙型符合标准而大径或螺距不符合标准的称为特殊螺纹，牙型不符合标准的称为非标准螺纹（如矩形螺纹）。

二、螺纹的规定画法（根据 GB/T4459.1-1995）

螺纹按其真实投影来画比较麻烦，实际上也没有必要。因此，制图标准对螺纹（外螺纹和内螺纹）画法做了如下规定。

1. 外螺纹的规定画法（图 7-7）

（1）外螺纹不论其牙型如何，在平行于螺杆轴线的投影面的视图上，螺纹的牙顶线（表示大径的直线）用粗实线表示，牙底线（表示小径的直线）用细实线表示。螺杆轴端的倒角和倒圆部分也应画出。

（2）在垂直于螺纹轴线的投影面的视图上，螺纹的牙顶圆（表示大径的圆）用粗实线表示，表示牙底圆（表示小径的圆）的细实线只画约 3/4 圈（画图时一般可近似地取 $d_1 \approx 0.85d$），螺杆上的倒角投影省略不画。

（3）有效螺纹的终止界线（简称螺纹终止线）用粗实线表示。

（4）螺纹的收尾部分（螺尾）在图上一般不画。当需要表示螺尾时，可用与轴线成 30° 的细实线画出。

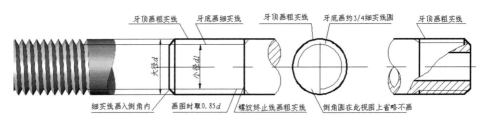

图 7-7 外螺纹的规定画法

2. 内螺纹的规定画法

（1）内螺纹不论其牙型如何，在平行于螺孔轴线的投影面的剖视图中，牙顶线（表示小径的直线）用粗实线表示，牙底线（表示大径的直线）用细实线表示。在剖视图或断面图中，剖面线都必须画到粗实线；螺孔上的倒角和倒圆部分也应画出，如图 7-8 所示。

（2）在垂直于螺纹轴线的投影面的视图上，螺纹的牙顶圆（表示小径的圆）用粗实线表示（画图时可近似地取 $D1 \approx 0.85D$），牙底圆（表示大径的圆）用细实线表示，且只画约 3/4 圈，螺孔上的倒角投影省略不画，如图 7-8 所示。

（3）螺尾一般省略不画。

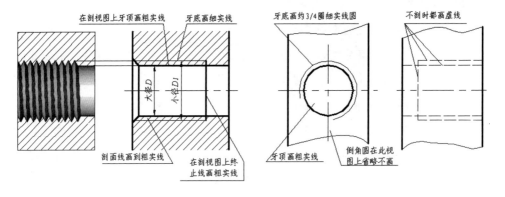

图 7-8　内螺纹的规定画法

（4）绘制不穿通的螺纹孔时，一般应将钻孔深度与螺纹部分的深度分别画出，并标上尺寸。加工不穿通的螺孔时，先按螺纹小径钻孔，后用丝锥攻丝（图 7-9b）。钻头的锥顶角一般做成118°，在孔底部形成118°的锥顶角，画图时此角按120°画出，但不必标注尺寸，如图 7-9a 所示。

（5）螺孔不剖开时，不可见螺纹的所有图线均以虚线绘制，如图 7-10 所示。

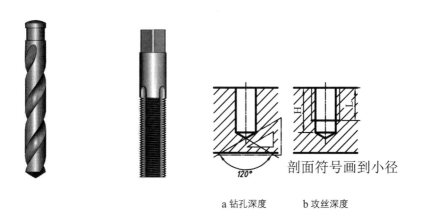

a 钻孔深度　　　b 攻丝深度

图 7-9　不穿通螺孔的画法

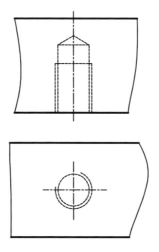

图 7-10　不剖时内螺纹的画法

3. 螺纹连接的画法（图7-11）

以剖视图表示内、外螺纹的连接，旋合部分按外螺纹的画法绘制，其余部分均按各自的画法绘制，如图7-11所示。画图时应注意：表示内、外螺纹牙顶的粗实线和牙底的细实线必须对齐；画螺纹连接部位的断面图时，两紧固件的剖面线方向应相反，如图7-11b中A-A所示。图7-12为不通孔时螺纹连接的画法，注意螺孔底部的绘制。

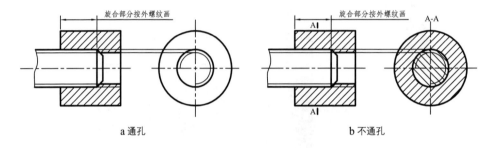

图 7-11　剖视图中螺纹连接的画法

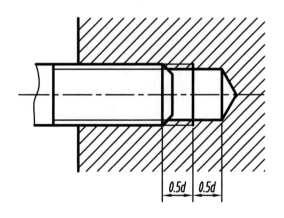

图 7-12　不通孔螺纹连接的画法

4. 螺纹牙型的表示方法

需要表示螺纹牙型时，可采用局部剖视图或局部放大图绘制（图7-13）。

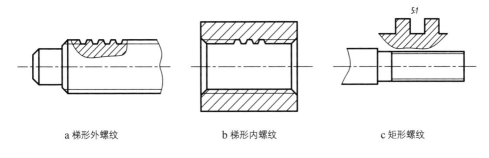

| a 梯形外螺纹 | b 梯形内螺纹 | c 矩形螺纹 |

图 7-13 螺纹牙型表示法

三、螺纹的标注

螺纹的种类很多，但规定画法却基本相同，因此只能用螺纹代号或标记在图上区分各个标准螺纹。普通螺纹、梯形螺纹和管螺纹的标注方法如下。

1.普通螺纹的标注（表 7-2）

普通螺纹的完整标记由螺纹规格代号、螺纹公差代号和螺纹旋合长度代号三部分组成，其格式为：

螺纹规格代号-螺纹公差带代号-螺纹旋合长度代号

| 牙型代号 | 公称直径 | × | 螺距 | 旋向 | - | 中径公差带代号 | 顶径公差带代号 | - | 旋合长度号 |

（1）普通螺纹的牙型代号为 M，公称直径指螺纹大径。

（2）螺纹公差带代号由公差等级代号和基本偏差代号组成。

螺纹副（内、外螺纹旋合在一起）标记中的内、外螺纹公差带代号用斜线分开，斜线前后分别表示内、外螺纹公差带代号，例如 M20×2-6H/6g。

（3）旋合长度是指内、外螺纹旋合在一起的有效长度，普通螺纹的旋合长度分为三组，分别称为短旋合长度、中旋合长度和长旋合长度，相应代号为 S、N、L，相应的长度可根据螺纹公称直径和螺距从标准中查出。当处于中旋合长度时，N 省略标注。

（4）普通螺纹精度等级：根据螺纹的公差带和短、中、长三组旋合长度，螺纹的精度又分为精密级、中等级和粗糙级三种，一般情况下多采用中等级。

公称直径以毫米为单位的螺纹，其标记应直接注在大径的尺寸线上，或注在其引出线上。

2.梯形螺纹的标注（表 7-3）

梯形螺纹的完整标注的内容和格式为：螺纹代号-中径公差带代号-旋合长度代号。其中螺纹代号内容为：Tr 公称直径 × 导程（螺距）旋向。

表 7-2　普通螺纹的标注

螺纹种类		标注内容	图例	说明
普通螺纹	粗牙螺纹	M10-5g 6g-s 旋合长度代号 外螺纹顶径(大径)公差带代号 外螺纹中径公差带代号 米制普通螺纹代号,公称直径为10mm M10 LH-7H-L 旋合长度 内螺纹顶径(小径)、中径公差带代号 左旋 米制普通螺纹代号,公称直径为10mm	*M10-5g6g-S* *M10LH-7H-L*	(1) 不注螺距。 (2) 右旋省略不注。 (3) 中径和顶径公差相同时,只注一个代号,如 7H。 (4) 当旋合长度为中等旋合长度时不标注。
	细牙螺纹	M10 × 1 - 6g 螺距	*M10×1-6g*	(1) 要注螺距。 (2) 其他的标注内容同上。

表 7-3　梯形螺纹的标注

螺纹种类	标注内容	图例	说明
单线梯形螺纹	Tr40 × 7 - 8e 中径公差代号 螺距7mm 梯形螺纹代号,公称直径为40mm	*Tr40 × 7-8e*	(1) 单线梯形螺纹代号:Tr 公称直径 × 螺距、旋向。 (2) 右旋省略不标注,左旋要住 LH。
多线梯形螺纹	Tr40 × 14 (p7) LH - 8e - L 旋合长度代号 左旋螺纹 螺距为7mm 导程为14mm 梯形螺纹代号,公称直径为40mm	*Tr40 × 14(P7)LH-8e-L*	(1) Tr 公称直径 × 导程(p,螺距)旋向。 (2) 旋合长度分为中等旋合长度(N)和长旋合长度(L)两组,中等旋合长度符号 N 不标注。

3. 管螺纹的标注

管螺纹的标记一律注在引出线上，引出线应由大径处引出，标注内容和方式如表 7-4 所示。

表7-4 管螺纹的标注

螺纹种类	标注内容		图例	说明
非螺纹密封的管螺纹	内螺纹	G1		(1) 数字 1、1/2 为管螺纹尺寸代号，不是螺纹大径。作图时，应据此查出螺纹的大径值。 (2) A、B 是指中径公差等级，外螺纹分为 A 级和 B 级，具体数值可查表。 (3) 右旋省略不注，左旋要注 LH，如 1/2-LH。
	外螺纹	G1A G2B		
用螺纹密封的圆柱管螺纹	Rp1			
用螺纹密封的圆锥管螺纹	内螺纹	Rc1/2		
	外螺纹	R1/2		

四、螺纹紧固件及其比例画法

常用的螺纹紧固件有螺栓、螺柱、螺钉、螺母、垫圈等。这些零件的尺寸都已标准化，在技术文件上只需注出其标记即可。表 7-5 列出了一些常用螺纹紧固件及其规定标记。

表 7-5　常用螺纹紧固件及其标注示例

名称及标准号	图例及标注示例	名称及标准号	图例及标注示例
六角头螺栓 GB5782-2000	螺栓 GB5782-2016　M10×35	开槽沉头螺钉 GB68-2016	螺钉GB68-2016　M10×50
螺柱 A 型 B 型 GB897-1988 (b_m=1d) GB897-1988 (b_m=1.25d) GB897-1988 (b_m=1.5d) GB897-1988 (b_m=2d)	螺柱 GB897-1988　M12×45 螺柱 GB898-1988　M12×40	开槽锥端紧定螺钉 GB6170-2015	螺钉GB71-1985　M10×45
		Ⅰ型六角螺母 GB6170-2015	螺母 GB6170-2015　M12
内六角圆头螺钉 GB70-2008	螺钉 GB70-2008　M10×32	平垫片 GB97.1-2002	垫圈GB97.2-2002-12　140HV
开槽圆柱头螺钉 GB65-2016	螺钉GB65-2016　M10×40	弹簧垫片 GB93-1987	垫片 GB93-1987　16

其中 $b_m=1d$、$b_m=1.25d$、$b_m=1.5d$、$b_m=2d$

设计机器时，经常会用到螺栓、螺母、垫圈等螺纹紧固件，它们的各部分尺寸可以从相应的国家标准中查出，将螺栓的螺纹规格尺寸 d、螺母的规格尺寸 D、垫圈的公称尺寸 d，以一定的比例进行折算，得出各部分尺寸后，可按近似画法绘制。

（1）六角头螺栓。六角头螺栓头部是六棱柱经倒角 30° 而成，故每个棱面上均产生双曲线（图 7-14），这些曲线可由圆弧代替（图 7-15）。画法步骤如下：

① 画出六棱柱的投影。

② 以 R = 1.5d 为半径画弧与顶面的投影相切，并与右边两棱线交于 1、2 两点。

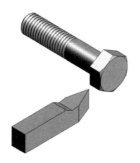

图 7-14　六角头螺栓头部倒角后产生的曲线

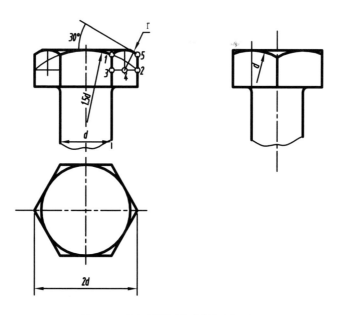

图 7-15　六角头螺栓头部曲线的近似画法

③ 由点 2 做水平线，与相邻的棱线交于点 3，平分点 2 和点 3 之间的线段得到点 4。

④ 以点 4 为圆心，点 4 至点 1 的距离为半径画点 1 至点 5 间弧线，最后过点 5 做 30° 的倒角线。左边一段曲线画法与此相同。

六角头螺栓的各部分尺寸与螺纹大径 d 的比例关系如图 7-16a 所示。

(2) 六角头螺母各部分尺寸与螺纹大径 d 的比例关系如图 7-16b 所示。表面交线的画法与六角头螺栓头部的画法相同。

(3) 垫圈各部分尺寸根据与它相配的螺纹紧固件的大径 d，以一定比例关系画出（图 7-16c）。

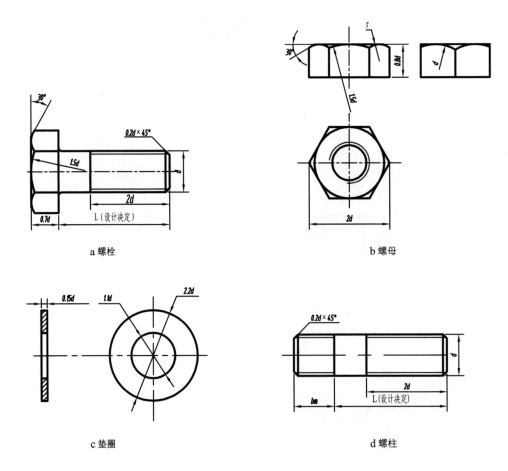

a 螺栓   b 螺母

c 垫圈   d 螺柱

图 7-16　单个螺纹紧固件的比例画法

（4）双头螺柱的外形可按图 7-16d 的简化画法绘制，各部分尺寸与大径 d 的比例关系如图中所示。

五、螺纹紧固件连接的画法

1. 螺栓连接

螺栓连接是一种将螺栓杆身穿过两个零件的通孔，再用螺母旋紧，从而将两个零件固定在一起的连接方式（图 7-17）。

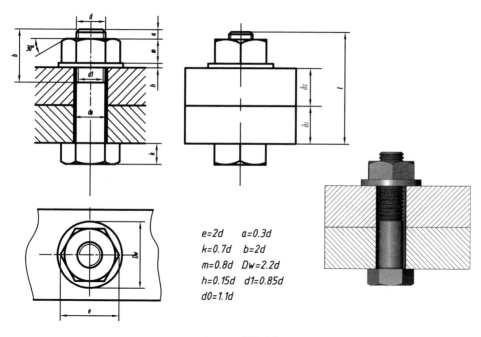

$$e=2d \qquad a=0.3d$$
$$k=0.7d \qquad b=2d$$
$$m=0.8d \qquad Dw=2.2d$$
$$h=0.15d \qquad d1=0.85d$$
$$d0=1.1d$$

图 7-17 螺栓连接

（1）螺栓、螺母、垫圈根据各部分与大径 d 的比例关系绘制，其他部分的比例关系如图中所示。

（2）螺栓的有效长度 l 应先用以下公式求出：$l = \delta_1 + \delta_2 + h + m + a$。然后，再从相应国标标准中选出相近的标准长度 l。

（3）在画螺栓连接的装配图时，应遵循下列基本规定：

① 当剖切平面通过螺栓、螺柱、螺钉、螺母、垫圈等标准件的轴线时，这些零

件均按未剖切绘制。

　　② 在剖视图中，两相邻零件的剖面线方向应相反，但同一个零件在各个剖视图中，其剖面线的方向和间距应相同。

　　③ 两零件的接触面应画成一条线，不得画成两条线或加粗。

　　2．螺柱连接

　　用螺柱连接零件时，先将螺柱的旋入端旋入一个零件的螺孔中，再将另一个带孔的零件套入螺柱，然后放入垫圈，用螺母旋紧（图 7-18）。

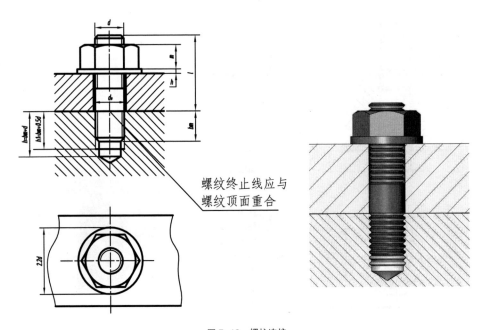

图 7-18　螺柱连接

　　① 画螺柱连接图，各部分尺寸的比例关系与螺栓连接相同。若采用弹簧垫圈，其尺寸可按 d2 = 1.6d、s = 0.25d 绘制。

　　② 双头螺柱的有效长度 l 可先用以下公式算出：$l = δ + h + m + a$。然后，查国标标准，选取相近的标准长度。

　　③ 双头螺柱旋入端长度 bm 的值与带螺孔的被连接件的材料有关。材料为钢或青铜时，取 bm=d ；材料为铸铁时，取 bm=1.25 到 1.5d ；材料为铝时，取 bm=2d。

　　④ 机件上螺孔的螺纹深度应大于旋入端螺纹长度 bm，画图时，螺孔的螺纹深

度可按 bm+0.5d 画出，钻孔深度可按 bm+d 画出。

3. 螺钉连接

用螺钉连接两个零件时，螺钉杆部穿过一个零件的通孔而旋入另一零件的螺孔，靠螺钉头部支承面压紧两个零件，将它们固定在一起。

螺钉根据头部形状不同分为许多类型。图 7-19 是几种常见螺钉装配图的画法，画图时应注意下列几点：

（1）螺钉的有效长度 l 先用以下公式估算：$l = \delta + bm$，bm 根据带螺孔的被连接零件的材料而定，取值可参考双头螺柱，然后从国标标准中选取相近的标准长度 l。

（2）为了使螺钉头能压紧被连接零件，螺钉的螺纹终止线应高出螺孔的端面（图 7-19b），或在螺杆的全长上都有螺纹（图 7-19a、图 7-19c）。

（3）螺钉头部的一字槽和十字槽在俯视图上绘制，与中心线成 45° 角（图 7-19），可以涂黑。

4. 制图标准规定

螺纹紧固件的某些结构在装配图中可以采用简化画法。例如，螺栓、螺柱、螺

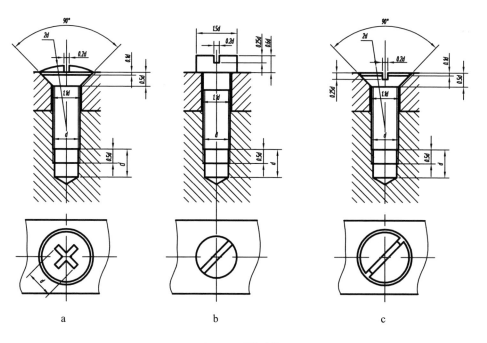

图 7-19　螺钉连接

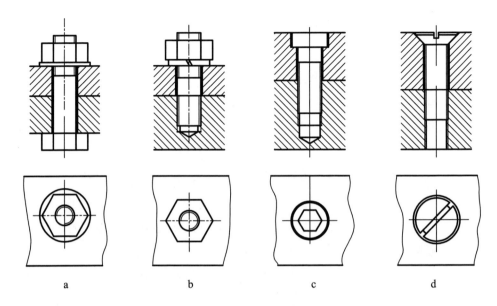

图 7-20 螺栓、螺柱、螺钉连接的简化画法

钉末端的倒角，螺栓头部和螺母的倒角可省略不画；未钻通的螺孔可以不画出钻孔深度，仅画出螺纹部分的深度（不包括螺尾）等（图 7-20）。

第二节 键、销和滚动轴承

一、键

1. 键的形式和规定标记

键是机器上常见的标准件，用来连接轴和装在轴上的零件（如齿轮、皮带轮等），起传递扭矩的作用。键的种类很多，常用的有普通平键、半圆键、钩头楔键等，它们的形式和标记如表 7-6 所示。选用时，可根据轴的直径从国标标准中查找对应的键的标准，得到它的尺寸。

2. 键连接的画法

图 7-21、图 7-22、图 7-23 展示了三种单键连接方式及其画法。

普通平键和半圆键的两个侧面是工作面，所以键与键槽侧面之间不应留间隙，

表7-6 常用键的形式和规定标记

名称	图例	规定标记
普通平键		键 b×L GB1096-2003
半圆键		键 b×h×d1 GB1096-2003
钩头楔键		键 b×L GB1565-2003

* 普通平键的形式有 A 型、B 型、C 型三种。在图样中除了标注键的尺寸外，还要注写键的标记。例如，B 型普通平键宽 b=18mm，高 h=11mm，长 l=56mm，其规定标记为：键 B18×56 GB1096 – 2003。A 型平键标记时可省略 A。

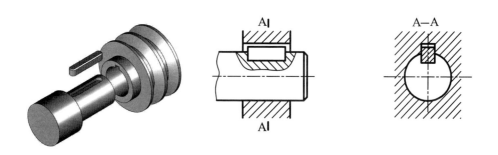

图 7-21 平键连接的画法

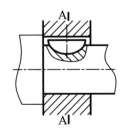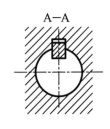

图 7-22　半圆键连接的画法

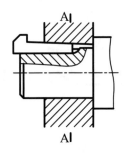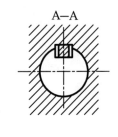

图 7-23　楔键连接的画法

而键顶面是非工作面，它与轮毂的键槽顶面之间应留有间隙。

　　钩头楔键的顶面有 1:100 的斜度，连接时须将键打入键槽。因此，键的顶面和底面为工作面，画图时上、下表面与键槽接触，而两个侧面留有间隙。

　　轴上的键槽和轮毂上槽的画法和尺寸标注如图 7-24 所示。

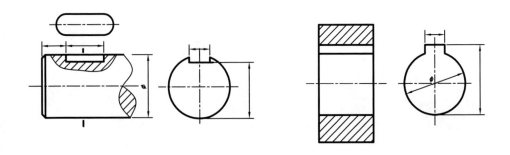

图 7-24　键槽的画法和尺寸注法

二、销

1. 销的形式和规定标记

销也是标准件，通常用于零件的连接或定位，常用的销有圆柱销、圆锥销和开口销等，它们的形式和标记方法如表 7-7 所示。

表 7-7　销的形式和规定标记

名称	图例	规定标记
圆柱销		销 GB119-2000 AB×30 A 型，公称直径 d=8mm， 长度 l=30mm
圆锥销		销 GB117-2000 A10×60
开口销		销 GB91-2000 5×10 公称直径 d=5mm， 长度 l=50mm

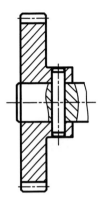

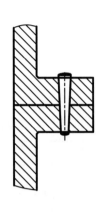

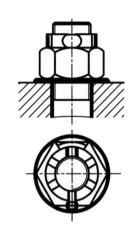

图 7-25　圆柱销连接的画法　　图 7-26　圆锥销连接的画法　　图 7-27　开口销连接的画法

2. 销连接的画法

上述三种销的结构形状和尺寸均已标准化，画图时可根据需要从有关标准中查出各项数据。它们在装配图中的画法如图 7-25、图 7-26、图 7-27 所示。

三、滚动轴承（根据 GB/T4459.7-1998）

滚动轴承用来支承旋转轴，由于它结构紧凑，具有较小的启动摩擦力矩和运转时的较小摩擦力矩，能在较大的载荷、转速和较高的精度范围内工作，并且可以满足不同的要求，所以它是现代机器中广泛采用的标准件。

1. 滚动轴承的结构和类型

滚动轴承的种类很多，但它们的结构大致相似，一般由外圈（上圈）、内圈（下圈）、滚动体和保持架组成（图 7-28）。

常用的滚动轴承包括：适用于承受径向载荷的深沟球轴承（图 7-28a，依据 GB/T276-2013），适用于承受轴向载荷的推力球轴承（图 7-28b，依据 GB/T301-2015），以及适用于同时承受径向载荷和轴向载荷的圆锥滚子轴承（图 7-28c，依据 GB/T297-2015）。

2. 滚动轴承的代号

国家标准 GB272-2013 中规定，常用的滚动轴承代号由四位数字组成，从右边

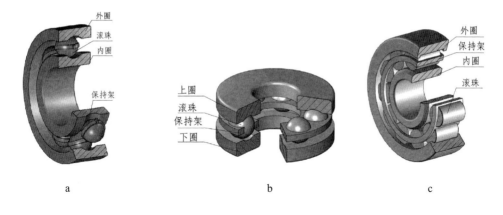

图 7-28 滚动轴承

数起，第一、二位数字表示轴承的内径（代号数字 < 04 时，即 00、01、02、03 分别表示内径 d=10、12、15、17 毫米；代号数字 ≥ 04 时，代号数字乘以 5，即为轴承内径）；第三位数字表示轴承直径系列，即在内径相同时，有各种不同的外径；第四位数字表示轴承的类型，例如 3 表示圆锥滚子轴承，5 表示推力球轴承，6 表示深沟球轴承。例如，轴承代号 6204 的含义为：6 为类型代号，表示深沟球轴承；2 为尺寸系列，表示轻窄系列；04 为内径代号，表示轴承内径 20 毫米。

　　3. 滚动轴承的画法

　　滚动轴承是标准件，不需要画出单个轴承的图样。在装配图中采用规定画法或特征画法绘制，在同一张图样中只采用一种画法。

　　（1）规定画法（表 7-8）。滚动轴承的规定画法，通常在轴线的一侧按比例绘制，其中外径 D、内径 d、宽度 B 等为实际尺寸，可从滚动轴承标准中查出，而另一侧采用矩形线框和位于线框中央正立的十字形符号表示。

　　（2）特征画法，即在剖视图中采用矩形线框，并在线框内画出滚动轴承结构要素符号的画法。

表 7-8　滚动轴承的规定画法和特征画法

尺寸比例 ＼ 轴承种类	深沟球轴承	推力球轴承	圆锥滚子轴承
规定画法			
特征画法			

第三节　齿轮

　　齿轮是传动零件，它在机器中的作用是把一根轴上的旋转运动传到另一根轴上，以传递动力、改变转速或运动方向。常用的齿轮有三种：圆柱齿轮，用于平行轴之间的传动；圆锥齿轮，用于相交二轴之间的传动；蜗轮与蜗杆，用于交叉二轴之间的传动（图7-29）。

　　齿轮有标准齿轮和变位齿轮之分，轮齿的齿向有直齿、斜齿和人字齿之分，齿轮的齿廓曲线则有渐开线、摆线之分。

　　a 圆柱齿轮　　　　　　　　　b 圆锥齿轮　　　　　　　　　c 蜗轮和蜗杆

图 7-29　常见的传动齿轮

一、圆柱齿轮

　　常用的圆柱齿轮有直齿轮和斜齿轮两种（图 7-30）。

　　1. 直齿圆柱齿轮各部分的名称和尺寸代号

　　图 7-31 为相互啮合的一对标准直齿圆柱齿轮的示意图，其中给出了齿轮各部分的名称和代号。

　　（1）齿顶圆，即通过齿顶端的圆，直径以 d_a 表示。

　　（2）齿根圆，即通过齿根部的圆，直径以 d_f 表示。

　　（3）标准齿轮的齿厚弧长（s）与齿间弧长（e）相等时所在的位置的圆称为分度圆，直径以 d 表示。

　　当一对标准齿轮啮合时，两个分度圆是相切的，此时的分度圆也称为节圆，切点 P 叫作节点。

　　（4）齿顶圆与齿根圆之间的径向距离称为齿高，以 h 表示。其中，分度圆与齿顶圆之间径向距离称为齿顶高，以 h_a 表示，分度圆与齿根圆之间的径向距离称为齿

　　　　a 圆柱直齿轮　　　　　　　　　　　　b 圆柱斜齿轮

图 7-30　圆柱齿轮

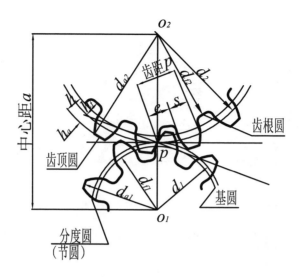

图 7-31   直齿圆柱齿轮各部分的名称及代号

根高，以 h_f 表示。可见，齿高是齿顶高与齿根高之和，即：

$$h = h_a + h_f$$

（5）齿距，即分度圆上相邻两齿对应点之间的弧长，以 p 表示。

（6）若齿轮的齿数用 z 表示，则齿轮分度圆周长为 πd=zp，即：

$$d = zp/\pi$$

令 p/π = m，则 d = mz，m 即为模数。

模数（m）是设计和制造齿轮的一个重要参数。从 m=p/π 可以看出，模数大小与齿距成正比，若齿轮的模数大，齿轮的轮齿就大，齿轮能承受的力量就大。由于不同模数的齿轮要用相应的齿轮刀具加工，为了减少齿轮刀具的数量，国家标准规定了模数的标准数值（表 7-9）。

表 7-9   渐开线圆柱齿轮模数的标准系列（根据 GB1357-2008）

第一系列	第二系列
0.1 0.12 0.15 0.2	0.35 0.7 0.9 1.75 2.25
0.25 0.3 0.4 0.5	2.75（3.25）3.5（3.75）
0.6 0.08 1 1.25 1.5	4.5 5.5（6.5）7 9
2 2.5 3 4 5 6 8	（11）14 18 22 28 36
10 12 16 20 25 32	45
40 50	

（7）齿形角（压力角），即相啮合的轮齿齿廓在节点 P 处的公法线与分度圆的公切线的夹角称为齿形角，以 α 表示。我国常用的齿形角为 20°。

（8）中心距，即两啮合齿轮轴线之间的距离称为中心距，以 a 表示。

$$a = \frac{d_1 + d_2}{2} = \frac{1}{2} m(z_1 + z_2)$$

只有模数和齿形角都相同的一对齿轮才能相互啮合。

2. 标准直齿圆柱齿轮几何尺寸的计算

为了设计和计算方便，使标准直齿轮各部分的几何尺寸都与模数和齿数成一定的比例关系，其计算公式见表 7-10。

表 7-10 渐开线直齿圆柱齿轮计算公式

名称	代号	计算公式	名称	代号	计算公式
分度圆直径	d	$d = mz$	全齿高	h	$h = h_a + h_f$
齿距	p	$p = m\pi$	齿顶圆直径	d_a	$d_a = m(z + 2)$
齿顶高	h_a	$h_a = m$	齿根圆直径	d_f	$d_f = m(z - 2.5)$
齿根高	h_f	$h_f = 1.25m$	中心距	a	$a = \dfrac{m(z_1 + z_2)}{2}$

3. 圆柱齿轮的规定画法（GB4459.2-2003）

（1）单个圆柱齿轮画法。齿轮的轮齿部分按图 7-32a 所示绘制。

① 齿顶圆和齿顶线用粗实线绘制。

② 分度圆和分度线用细点画线绘制。

③ 齿根圆和齿根线用细实线绘制，也可以省略不画。

④ 在剖视图中，当剖切平面通过齿轮的轴线时，轮齿一律按不剖处理，即轮齿部分不画剖面线，齿根线用粗实线绘制，如图 7-32b 所示。

⑤ 绘制斜齿轮的视图时，可用与齿线方向一致的三条细实线表示齿轮齿线的齿向（图 7-33）。

图 7-34 是圆柱齿轮的零件图，图中除标注尺寸和技术要求外，还在图样的右上角列出了一个参数表，注明模数、齿数、齿形角、精度等级等。

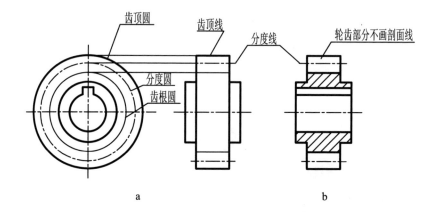

图 7-32　直齿圆柱齿轮的规定画法

图 7-33　圆柱斜齿轮的表示法

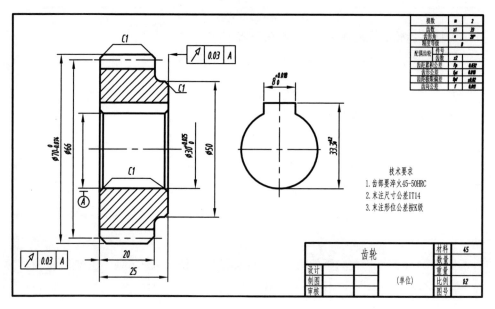

图 7-34　圆柱齿轮的零件图

（2）圆柱齿轮啮合的画法。绘制一对啮合齿轮时，应注意其啮合部分的画法（图 7-35）：

① 在垂直于齿轮轴线的投影面的视图中，两个齿轮的分度圆是相切的，啮合区的齿顶圆均用粗实线绘制（图 7-35b），也可以省略不画（图 7-35d）。

② 在平行于齿轮轴线的投影面的视图上，当剖切平面通过两啮合齿轮的轴线时，在啮合区内将一个齿轮的轮齿用粗实线画出，而另一个齿轮的轮齿被遮住的部分用虚线绘制（图 7-35a），或省略不画。

③ 图 7-35e 是不剖画法，啮合区的齿顶线不需画出，节线用粗实线绘制。

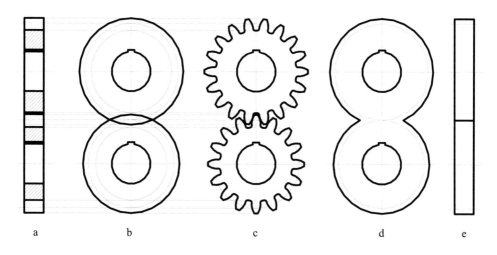

a　　　　　b　　　　　c　　　　　d　　　e

图 7-35　圆柱齿轮的啮合画法

二、圆锥齿轮

圆锥齿轮的轮齿分布于圆锥面上，所以圆锥齿轮的轮齿一端大，另一端小，齿厚由大端到小端逐渐变小，模数和分度圆也随齿厚的变化而变化，如图 7-36 所示。国家标准规定以大端的模数为标准模数来决定齿轮各部分的几何尺寸。直齿圆锥齿轮各部分的名称如图 7-37 所示。

圆锥齿轮的规定画法与圆柱齿轮基本相同，图 7-38 所示为单个圆锥齿轮的画法，图 7-39 所示为圆锥齿轮的啮合画法，图 7-40 是圆锥齿轮的零件图。

图 7-36 圆锥齿轮

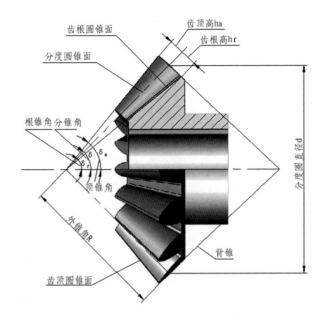

图 7-37 圆锥齿轮各部分的名称

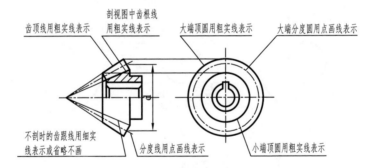

图 7-38 圆锥齿轮的画法

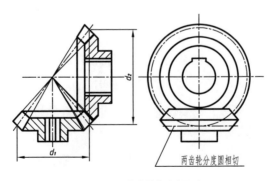

图 7-39 圆锥齿轮的啮合画法

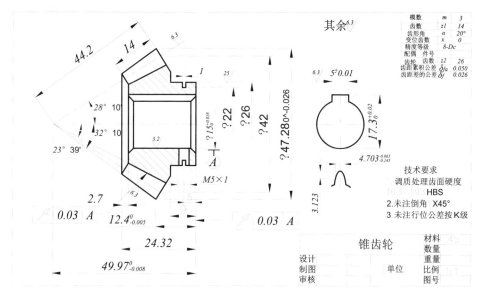

模数	m	3
齿数	$z1$	14
齿形角	α	20°
变位齿数	x	0
精度等级		8-Dc
配偶 件号		
齿轮 齿数	$z2$	26
齿距累积公差	δfa	0.050
齿距差的公差	δf	0.026

技术要求
调质处理齿面硬度
163 193 HBS
2.未注倒角 X45°
3 未注行位公差按K级

	材料	45
锥齿轮	数量	
	重量	
设计	单位	比例
制图		图号
审核		

图 7-40 圆锥齿轮的零件图

三、蜗轮和蜗杆

蜗轮和蜗杆用于垂直交叉两轴之间的传动。一般情况下,蜗杆为主动,蜗轮为被动。蜗杆、蜗轮的传动比大,结构紧凑,但效率低。蜗杆、蜗轮各部分的名称如图 7-41 所示。

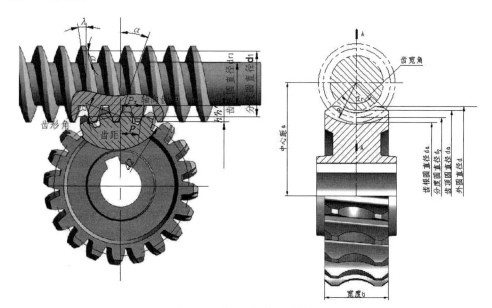

图 7-41 蜗轮、蜗杆各部分名称

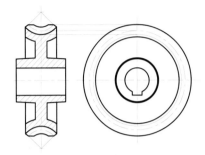

图 7-42　蜗轮的规定画法

蜗杆和蜗轮的规定画法与圆柱齿轮基本相同。但是，在蜗轮投影为圆的视图中，只画分度圆和最外圆，齿顶圆和齿根圆不需要画出，如图 7-42 所示。图 7-43 为蜗杆、蜗轮的啮合画法。图 7-44、图 7-45 分别为蜗轮、蜗杆的零件图。

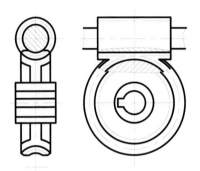

a 剖视图

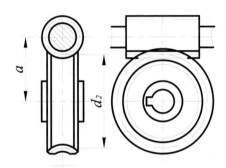

b 外形图

图 7-43　蜗杆、蜗轮的啮合画法

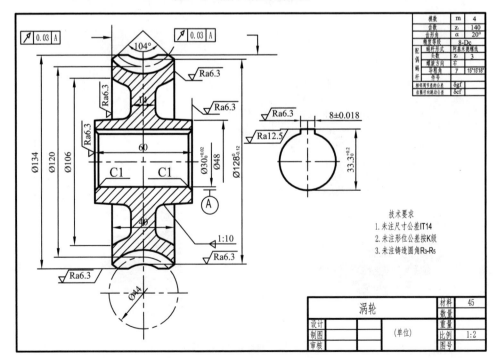

模数	m	4
齿数	z_2	140
齿形角	α	20°
精度等级		8-Dc
配偶蜗杆	蜗杆形式	阿基米德螺线
	头数	z_1	3
	螺旋方向	右
	导程角	γ	15°15′18″
	代号	
部齿周节差的公差	$δgf$	
齿圈任向跳动公差	$8cf$	

技术要求
1. 未注尺寸公差IT14
2. 未注形位公差按K级
3. 未注铸造圆角R₃-R₅

	涡轮	材料	45
		数量	
		重量	
设计			
制图		(单位)	比例	1:2
审核			图号	

图 7-44　蜗轮的零件图

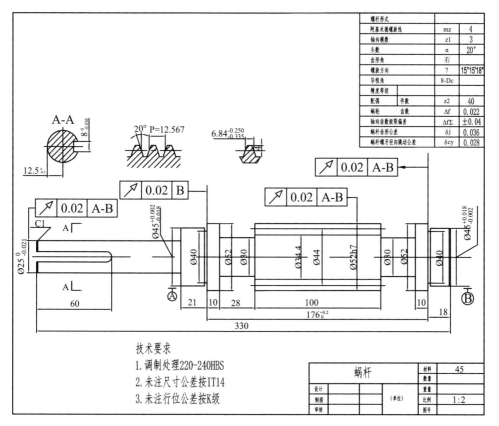

螺杆形式		
阿基米德螺旋线	mz	4
轴向模数	z1	3
头数	α	20°
齿形角		右
螺旋方向	7	15°15'18"
导程角		8-Dc
精度等级		
配偶 蜗轮　　齿数	件数	z2	40
	Δf	0.022
轴向齿数极限偏差	ΔΣ	±0.04
蜗杆齿形公差	δj	0.036
蜗杆螺牙径向跳动公差	δcy	0.028

技术要求
1. 调制处理220-240HBS
2. 未注尺寸公差按IT14
3. 未注行位公差按K级

	蜗杆	材料	45
		数量	
设计		重量	
制图	(单位)	比例	1:2
审核		图号	

图 7-45　蜗杆的零件图

第四节　弹簧

弹簧是一种起减震、夹紧、测力、贮存或输出能量等作用的常用件。

弹簧的种类很多，常见的有圆柱螺旋弹簧（图7-46）、平面蜗卷弹簧（图7-47）、板弹簧（图7-48）和片弹簧（图7-49）。这里只介绍圆柱螺旋弹簧的画法，其他种类弹簧的画法请参阅机械制图标准 GB4459.4-2003 的有关规定。

一、弹簧的规定画法

表 7-11 中呈现了圆柱螺旋弹簧的视图、剖视图和示意图，下面简述制图标准对其画法的一些规定。

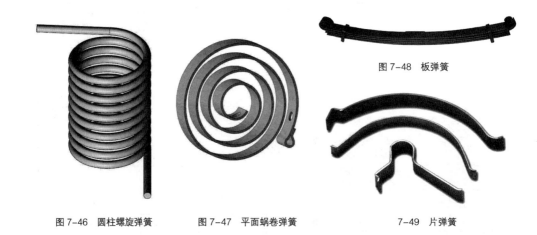

图 7-48　板弹簧

图 7-46　圆柱螺旋弹簧　　　图 7-47　平面蜗卷弹簧　　　　　　　　7-49　片弹簧

表 7-11　圆柱螺旋弹簧的视图、剖视图和示意图

名称	视图与力学性能参数	剖视图和示意图
圆柱螺旋压缩弹簧		
圆柱螺旋拉伸弹簧		
圆柱螺旋扭转弹簧		

（1）在平行于轴线的投影面的视图中，各圈的轮廓画成直线，以代替螺旋线，见表 7-11。压缩弹簧要求两端并紧且磨平时，不论支承圈数多少和末端贴紧情况如何，均按表列形式绘制，画图尺寸如图 7-50 所示。

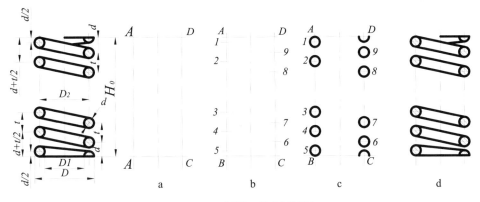

图 7-50　圆柱螺旋压缩弹簧的画法

（2）螺旋弹簧均可画成右旋，但左旋螺旋弹簧不论画成右旋或左旋，一律要注出旋向"左"字。

（3）有效圈数在 4 圈以上的螺旋弹簧，中间部分可以省略，用通过弹簧丝断面中心的点画线连起来即可，并允许适当缩短图形的长度。

（4）装配图中被弹簧挡住的结构一般不画，可见部分应从弹簧的外轮廓线或弹簧钢丝剖面的中心线画起（图 7-51a）。装配图中，型材直径或厚度在图形上等于或小于 2 毫米的螺旋弹簧，允许用示意画法绘制（图 7-51b）。当弹簧被剖切时，断面直径在图形上等于或小于 2 毫米时，也可涂黑表示（图 7-51c）。

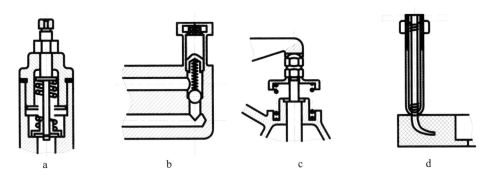

图 7-51　装配图中弹簧的画法

（5）被剖切弹簧的直径在图形上小于或等于 2 毫米，并且弹簧内还有零件，为了便于表达可按图 7-51d 的形式绘制。

二、弹簧的零件图

图 7-52 为圆柱螺旋压缩弹簧的零件图。图样中除视图和应注的尺寸外，还用图解法表明了弹簧的负荷与高度之间的关系，其中 P1 表示弹簧的预加载荷，P2 表示弹簧的最大载荷，Pj 表示弹簧的允许极限载荷。

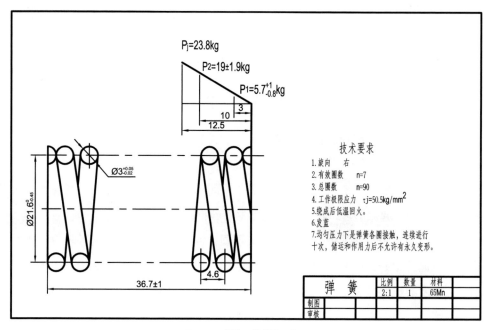

图 7-52　螺旋压缩弹簧零件图

零件图

任何一台机器或一个部件，都是由一定数量的零件所组成，制造机器首先要依据零件图加工零件。用于表示零件结构、大小和技术要求的图样称为零件图。本章将介绍零件图的作用和内容、零件的视图选择、零件图的尺寸标注和技术要求、零件图的识读和绘制的基本方法，以及零件工艺结构等内容。

第一节 零件图的作用和内容

零件图是制造和检验零件的主要依据，其作用和内容如下。

一、零件图的作用

（1）零件图反映设计者的设计意图，是设计部门提交给生产部门的重要的技术文件。

（2）零件图要表达机器或部件对零件的要求，以便指导零件的生产制造过程，保证生产的零件是合乎设计要求的产品，它是加工制造零件的依据。

（3）零件图要表达出零件上全部结构的形状和大小，并注明零件在加工和检验时所需达到的技术要求。

二、零件图的内容

考虑到零件图在生产制造过程中具有的重要意义，一张完整的零件图应包括以下四部分的内容（图 8-1）。

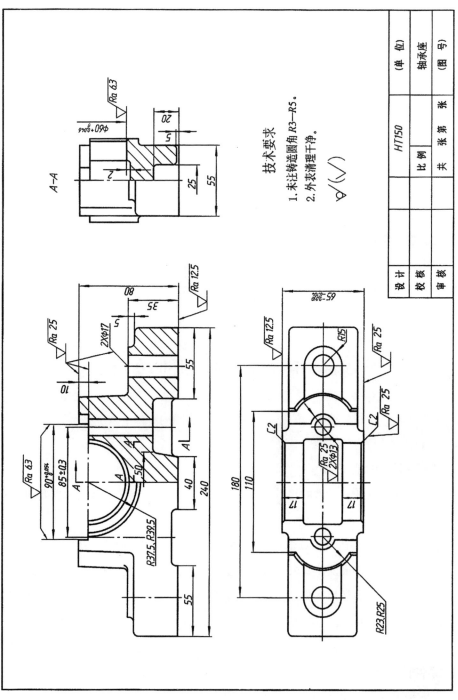

图 8-1 轴承座零件图

（1）一组视图，即用一组适当的视图，包括视图、剖视图、断面图等各种国标规定的表达方法，完整、清晰地表达零件的内、外结构形状。

（2）完整的尺寸，即用一组尺寸，正确、完整、清晰、合理地标注出零件各个结构形状的大小和相对几何关系。

（3）技术要求，即用一些规定的符号、数字、字母和文字注解，说明零件在加工、制造、检验时所应达到的一些技术要求，如表面粗糙度、尺寸公差、形状和位置公差、表面处理和材料热处理等。

（4）用标题栏注明零件的名称、材料、图样的编号、绘图比例、设计和制图人员姓名、单位等管理信息。

第二节　零件图的尺寸标注

零件图上标注的尺寸是零件加工和检验的重要依据。尺寸标注应当满足正确、完整和清晰的要求，但在零件图中，只做到这些还不够。标注零件图的尺寸时应考虑到零件加工制造的要求，即尺寸标注的合理性问题。零件图上标注的尺寸既要符合零件功能设计方面的要求，又要满足制造、加工、测量和检验的要求。要做到这一点，除了要了解零件在机器中的位置、作用及加工方法，还要在形体分析的基础上进行结构分析和工艺分析，选择合理的尺寸基准。本节着重介绍合理标注尺寸的一般原则和相关基本问题。

一、合理选择尺寸基准

在第五章中已经简述了基准的概念，这里结合零件的设计和制作工艺做进一步讨论。

尺寸基准是指在设计和加工测量零件时，用以确定其位置的一些面（重要端面、安装面、对称平面、主要结合面）、线（主要回转体的轴线）、点（零件表面上的某个点）。根据基准的作用不同，可以把零件的尺寸基准分成设计基准和工艺基准两类。

1. 设计基准

设计基准就是在设计零件时，为保证功能、确定结构形状和相对位置所选用的

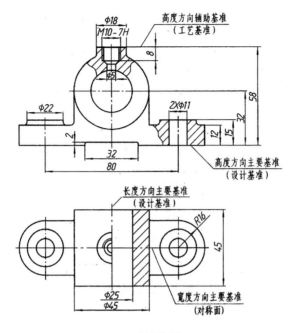

图 8-2　基准的选择

基准。用来作为设计基准的，大多是能够确定零件在机器或机构中位置的面、线或点。如在图 8-2 中，标注轴承孔的中心高 32，应以底面为高度方向基准注出。因为一根轴要用两个轴承座支撑，为了保证轴线的水平位置，两个轴孔的中心应在同一轴线上。标注底板两螺钉孔的定位尺寸 80，其长度方向以左右对称面为基准，以保证两螺钉孔与轴孔的对称关系。因此，底面（安装面）和对称面是设计基准。

2. 工艺基准

工艺基准就是在加工零件时，为保证加工精度与方便加工和测量而选用的基准。用来作为工艺基准的，大多是加工时用作零件定位和对刀起点及测量起点的面、线或点。如图 8-2 中凸台的顶面是工艺基准，以此为基准测量螺孔的深度尺寸 8 比较方便。

3. 基准的选择

每个零件都有长、宽、高三个方向（或者轴向、径向两个方向）的尺寸，每个方向至少有一个基准。当某一个方向上有若干个基准时，可以选择一个设计基准（决定零件主要尺寸的基准）作为主要基准，其余的尺寸基准为辅助基准。主要基准与辅助基准之间应标注一个尺寸,将它们直接联系起来。

从设计基准出发标注尺寸,可以直接反映设计要求,能保证所设计的零件在机器或机构中的位置和功能。从工艺基准出发标注尺寸,会把尺寸标注与零件的制造、加工以及测量统一起来。有时工艺基准可以和设计基准重合,这是最佳的选择。若两者不能统一,应以保证设计要求为主。

二、合理标注尺寸的原则

1. 主要尺寸的标注

主要尺寸是指影响产品的机械性能、工作精度等的尺寸,如零件的规格尺寸、连接尺寸、配合表面的尺寸、重要的定位尺寸、重要的结构尺寸等。主要尺寸必须从设计基准(主要基准)出发直接标出,一般尺寸则可以从工艺基准出发标出。

如图 8-3a 所示,中心孔高度尺寸 A 和两个小孔的中心距尺寸 L 是主要尺寸。假如按图 8-3b 所示,注写尺寸 B、C 和 E,完工后,中心孔高度尺寸和两个小孔的中心距尺寸容易产生误差,不能满足设计与安装要求。

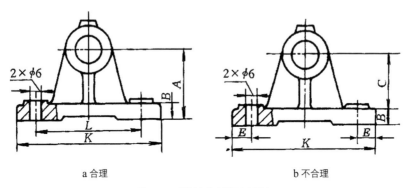

a 合理   b 不合理

图 8-3 轴承座的主要尺寸标注

2. 避免出现封闭的尺寸链

封闭尺寸链是指头尾相接,绕成一整圈的一组尺寸,每个尺寸都是尺寸链中的一个环。如图 8-4 所示,封闭尺寸链标注的尺寸在加工中难以保证设计要求,很可能将加工误差积累在某一重要尺寸上,从而导致废品。因此,标注尺寸时,应在尺寸链中取一个不重要的环(此环称为开口环或自由尺寸)不标注尺寸,这样,尺寸的加工误差可积累在这个不需要检验的开口环上。

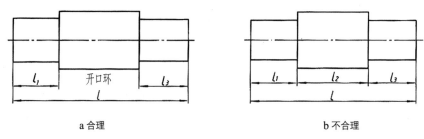

a 合理   b 不合理

图 8-4 避免出现封闭的尺寸链

3. 标注尺寸要便于加工测量

（1）退刀槽和砂轮越程槽的尺寸标注。若轴套类零件上带有退刀槽或砂轮越程槽等工艺结构，标注尺寸时应将这类结构要素的尺寸单独注出，且包含在相应的某一段长度内。如图 8-5a 所示，图中退刀槽这一工艺结构包含在长度 13 内，因为加工时一般先粗车外圆到长度 13，再由切刀切槽，所以这种标注形式符合工艺要求，便于加工测量，而图 8-5b 所示标注则不合理。

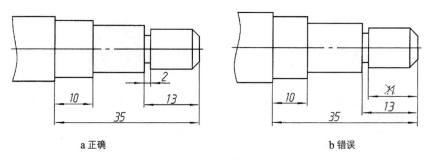

a 正确   b 错误

图 8-5 标注尺寸要便于加工测量

零件上常见的工艺结构已经格式化，如倒角、退刀槽可按图 8-6a、8-6b 所示的形式标注，而图 8-6c 所示则为轴套类零件中砂轮越程槽的尺寸标注方法。

（2）键槽深度的尺寸标注。图 8-7 所示为轴或轮毂上键槽的深度尺寸以圆柱面素线为基准进行标注，以便于测量。

（3）阶梯孔的尺寸标注。零件上阶梯孔的加工顺序一般是先做成小孔，再加工大孔，因此轴向尺寸的标注应从端面注出大孔的深度，以便于测量，如图 8-8 所示。

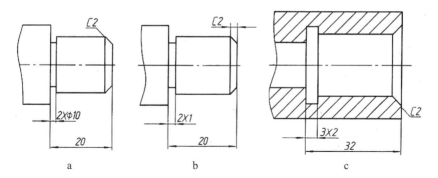

图 8-6 退刀槽和越程槽的尺寸标注

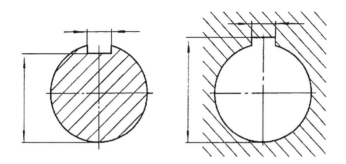

图 8-7 键槽深度标注

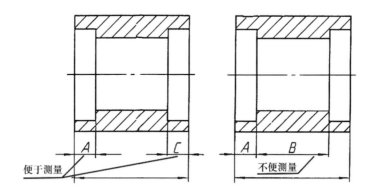

图 8-8 阶梯孔的标注

4.各种孔的简化注法

零件上各种孔的尺寸标注方法见表 8-1。标注孔的尺寸时应尽可能使用符号和缩写词，见表 8-2。

表 8-1　零件上常见孔的尺寸标注

零件结构类型		简化注法	一般注法	说明
光孔	一般孔			4×φ5 表示直径为 5 mm 的四个光孔，孔深可与孔径连注。
	精加工孔			光孔深为 12 mm，钻孔后需精加工至 φ5$^{+0.012}_{0}$ mm，深度为 10 mm。
	锥孔			φ5 mm 为与锥销孔相配的圆锥销小头直径（公称直径）。锥销孔通常是两零件装在一起后加工的，故应注明"配作"。
沉孔	锥形沉孔			4×φ7 表示直径为 7 mm 的四个孔。90°锥形沉孔的最大直径为 φ13 mm。
	柱形沉孔			四个柱形沉孔的直径为 φ13 mm，深度为 3 mm。
	锪平沉孔			锪孔 φ13 mm 的深度不必标注，一般锪平到不出现毛面为止。
螺孔	通孔			2×M8 表示公称直径为 8 mm 的两螺孔，中径和顶径的公差带为 6H。
	不通孔			表示两个螺孔 M8 的螺纹长度为 10 mm，钻孔深度为 12 mm，中径和顶径的公差带代号为 6H。

表8-2　尺寸标注常用的符号和缩写词

名称	符号或缩写词	名称	符号或缩写词
直径	ϕ	45°倒角	C
半径	R	深度	↓
球直径	$S\phi$	沉孔或锪平	⊔
球半径	SR	埋头孔	∨
厚度	t	均布	EQS
正方形	□		

三、合理标注尺寸的方法与步骤

标注零件的尺寸之前，首先要对零件进行结构分析，了解零件的工作性能和加工、测量方法，选好尺寸基准。

以图8-9齿轮轴的尺寸标注为例。

齿轮轴是回转体，故其径向尺寸基准为回转体的轴线，由此注出各轴段直径尺寸：$\phi 16$、$\phi 34$、$\phi 16$、$\phi 14$，以及分度圆直径尺寸 $\phi 30$、$M12\times 1.5$ 等。齿轮左端面是长度方向主要基准（设计基准），且25是设计的主要尺寸，应直接注出。长度方向第一辅助基准为左端面，由此注出轴的总长尺寸105，主要基准与辅助基准之

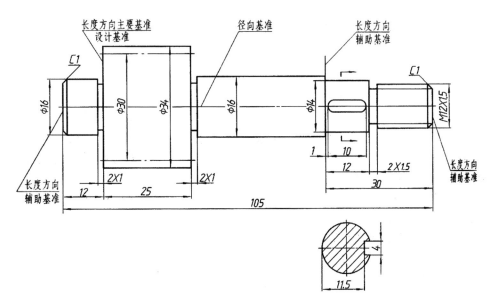

图8-9　齿轮轴标注示例

间注出联系尺寸 12；长度方向第二辅助基准是轴的右端面；通过长度尺寸 30 得出长度方向第三辅助基准 φ16 轴段的右端面，由此注出键槽长度方向的定位尺寸 1 以及键槽的长度 10。键槽的深度和宽度在断面图中注出。其他尺寸可用形体分析法补齐。

第三节　零件图中的技术要求

零件对机械加工质量的要求称为加工精度，主要包括表面粗糙度、尺寸精度、形状和位置精度等。这些在制造零件时应满足的加工要求通称为技术要求。技术要求一般用符号、代号或标记标注在图形上，或者用文字注写在图样中的适当位置。

一、表面结构的图样表示法

表面结构是表面粗糙度、表面波纹度、表面缺陷、表面纹理和表面几何形状的总称。表面结构的各项要求在图样上的表示方法在 GB/T131-2006 中均有具体规定。本节主要介绍的表面粗糙度表示法。

1. 基本概念及术语

（1）表面粗糙度。表面粗糙度是指零件表面上具有的较小间距和峰谷所形成的微观几何形状误差。它是由于刀具与加工面摩擦、金属塑性变形和加工时高频振动等原因产生的。

表面粗糙度数值的大小直接影响零件的摩擦磨损度、耐腐蚀度、疲劳强度、接触刚度、配合精度和使用寿命。零件表面粗糙度的选用既要满足零件表面的功能要求，又要经济、合理。一般情况下，零件上有配合要求或者相对运动的表面，粗糙度参数值要小，参数值越小，表面质量越高，但加工成本也越高。因此，在满足使用要求的前提下，应尽量选用较大的粗糙度参数值，以降低成本。

（2）表面波纹度。在机械加工过程中，由于机床、工件和刀具系统的振动，工件表面形成的间距比粗糙度大得多的表面不平度称为波纹度。零件表面的波纹度是影响零件使用寿命和引起振动的重要因素。

表面粗糙度、表面波纹度和表面几何形状总是同时生成并存在于同一表面，如

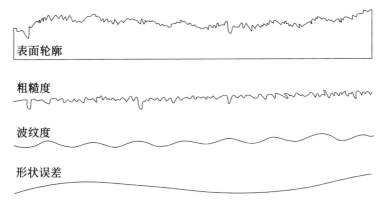

图 8–10 表面轮廓的构成

图 8–10 所示。

（3）评定表面结构常用的轮廓参数。零件表面结构的状况，可以用三个参数组加以评定：轮廓参数（由 GB/T 3505–2000 定义）、图形参数（由 GB/T 18618–2002 定义）、支撑率曲线参数（由 GB/T 18778.2–2003 和 GB/T 18778.3–2006 定义）。其中，轮廓参数是我国机械图样中目前最常用的评定参数。本节仅介绍轮廓参数中评定粗糙度轮廓（R 轮廓）的两个高度参数 Ra 和 Rz（图 8–11）。

① 算数平均偏差（Rz）指在一个取样长度内，纵坐标 z（x）绝对值的算术平均值。

② 轮廓的最大高度（Rz）指在同一取样长度内，最大轮廓峰高与最大轮廓谷深之和的高度。

（4）基本术语。检验、评定表面结构的参数值必须在特定条件下进行。国家标准规定，图样中注写参数代号及其数值要求的同时，还应明确其检验规范。

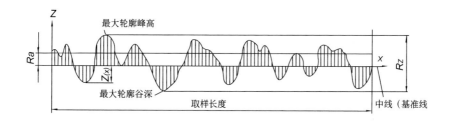

图 8–11 算术平均偏差 Ra 和轮廓的最大高度 Rz

检验规范方面的基本术语包括取样长度和评定长度、轮廓滤波器和传输带，以及极限值判断规则。

①取样长度和评定长度。以粗糙度高度参数的测量为例，由于表面轮廓的不规则性，测量结果与测量段的长度密切相关。当测量段过短时，各处的测量结果会产生很大差异；当测量段过长时，测量的高度值中将不可避免地包含波纹度的幅值。因此，应在 X 轴上选取一段适当的长度进行测量，这段长度称为取样长度。每一取样长度内的测得值通常是不等的，为取得表面粗糙度最可靠的值，一般会对几个连续的取样长度进行测量，并以各取样长度内测量值的平均值作为测得的参数值。这段在 X 轴方向上用于评定轮廓的、包含着一个或几个取样长度的测量段称为评定长度。

②轮廓滤波器和传输带。粗糙度等三类轮廓各有不同的波长范围，它们叠加在同一表面轮廓上，因此，在测量评定三类轮廓上的参数时，必须先将表面轮廓在特定仪器上进行滤波，分离获得所需波长范围的轮廓。这种可将轮廓分为长波和短波成分的仪器称为轮廓滤波器。由两个不同截止波长的滤波器分离获得的轮廓波长范围称为传输带。

③完工零件的表面按检验规范测得轮廓参数值后，需与图样上给定的极限值比较，判断其是否合格。极限值判断规则有两种：一种是 16% 规则。运用此规则时，被检表面测得的全部参数值中超过极限值的个数不多于总个数的 16%，则该表面是合格的。另一种是最大规则。运用此规则时，被检的整个表面上测得的参数值一个也不应超过给定的极限值。16% 规则是所有表面结构要求标注的默认规则，即当参数代号后未注写"max"字样时，均默认为应用 16% 规则（例如 Ra 0.8）。反之，则是应用最大规则（例如 Ra max 0.8）。

2. 标注表面结构的图形符号

标注表面结构要求的图形符号见表 8-3。

当图样中某个视图上构成封闭轮廓的各表面有相同的表面结构要求时，在完整图形符号上加一圆圈，标注在封闭轮廓线上，如图 8-12 所示。

3. 表面结构要求在图形符号中的注写位置

为了明确表面结构要求，除了标注表面结构参数和数值外，必要时应标注补充要求，包括传输带、取样长度、加工工艺、表面纹理及方向、加工余量等。这些要

表8-3 标注表面结构要求的图形符号

符号名称	符号	含义
基本图形符号	H_2 H_1 60° 60° d'=0.35mm（d'符号线宽）H_1=5mm H_2=10.5mm	未指定工艺方法的表面，当通过一个注释解释时可单独使用。
扩展图形符号		用去除材料方法获得的表面，仅当其含义是"被加工表面"时可单独使用。
		不去除材料的表面，也可用于保持上道工序形成的表面，不管这种状况是通过去除或不去除材料形成的。
完整图形符号		在以上各种符号的长边 上加一横线，以便注写对表面结构的各种要求。

注：表中d'、H_1和H_2的大小是当图样中尺寸数字高度选取h=3.5mm时，按GB/T131-2006的相应规定给定的。表中H_2是最小值，必要时允许加大。

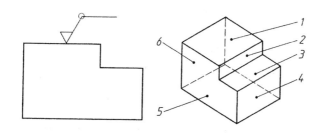

图8-12 对周边各面有相同的表面结构要求的注法

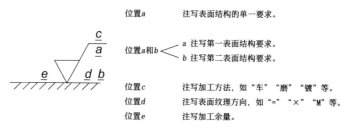

位置a 注写表面结构的单一要求。

位置a和b —— a 注写第一表面结构要求。
                 b 注写第二表面结构要求。

位置c 注写加工方法，如"车""磨""镀"等。
位置d 注写表面纹理方向，如"="">""×""M"等。
位置e 注写加工余量。

图8-13 补充要求的注写位置（a~e）

求在图形符号中的注写位置如图8-13所示。

4. 表面结构代号

表面结构符号中注写了具体参数代号和数值等要求后，即称为表面结构代号。

表面结构代号的实例及含义见表 8-4。

表 8-4 表面结构代号的示例及含义

序号	代号示例	含义/解释	补充说明
1	$\sqrt{}$ Ra 0.8	表示不允许去除材料，单向上限值，默认传输带，R轮廓，算术平均偏差为0.8μm，评定长度为5个取样长度（默认），16%规则（默认）。	参数代号与极限值之间应留空格。本例未标注传输带，应理解为默认传输带，此时取样长度可在GB/T10610和T6062中查取。
2	$\sqrt{}$ Rz max 0.2	表示去除材料，单向上限值，默认传输带，R轮廓，轮廓最大高度的最大值为0.2μm，评定长度为5个取样长度（默认），最大规则。	示例1—4均为单向极限要求，且均为单向上限值，则均可不加注"U"；若为单向下限值，则应加注"L"。
3	$\sqrt{}$ 0.008-0.8 / Ra 3.2	表示去除材料，单向上限值，传输带0.008—0.8mm，R轮廓，算术平均偏差为3.2μm，评定长度为5个取样长度（默认），16%规则（默认）。	传输带"0.008—0.8"中的前后数值分别为短波和长波滤波器的截止波长（λs和λc），以示波长范围，此时取样长度等于λc，即lr=0.8mm。
4	$\sqrt{}$ -0.8 / Ra 3 3.2	表示去除材料，单向上限值，传输带0.0025—0.8mm，R轮廓，算术平均偏差为3.2μm，评定长度包含3个取样长度，16%规则（默认）。	传输带仅注出一个截止波长值（本例0.8表示λc值）时，另一截止波长值λs应理解为默认值，由GB/T6062中查知λs=0.0025mm。
5	$\sqrt{}$ U Ra max 3.2 L Ra 0.8	表示不允许去除材料，双向极限值，两极限值均使用默认传输带，R轮廓，上限值：算术平均偏差为3.2μm，评定长度为5个取样长度（默认），最大规则。下限值：算术平均偏差为0.8μm，评定长度为5个取样长度（默认），16%规则（默认）。	本例为双向极限要求，用"U"和"L"分别表示上限值和下限值，在不致引起歧义时，可不加注"U""L"。

5. 表面结构要求在图样中的注法

（1）表面结构要求对每一表面一般只注一次，并尽可能注在相应的尺寸及其公差的同一视图上。除非另有说明，所标注的表面结构要求是对完工零件表面的要求。

（2）表面结构的注写和读取方向与尺寸的注写和读取方向一致。表面结构要求可标注在轮廓线上，其符号应从材料外指向并接触表面（图 8-14）。必要时，表面结构也可用带箭头或黑点的指引线引出标注（图 8-15）。

（3）在不致引起误解时，表面结构要求可以标注在给定的尺寸线上（图 8-16）。

（4）表面结构要求可标注在形位公差框格的上方（图 8-17）。

（5）圆柱和棱柱的表面结构要求只标注一次（图 8-18）。如果每个棱柱表面有不同的表面结构要求，则应分别单独标注（图 8-19）。

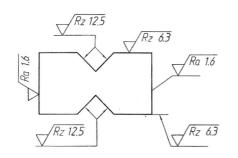

图 8-14 表面结构要求在轮廓线上的标注

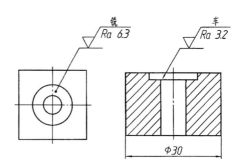

图 8-15 用指引线引出标注表面结构要求

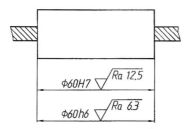

图 8-16 表面结构要求标注在尺寸线上

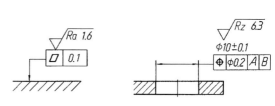

图 8-17 表面结构要求在形位公差框格的上方

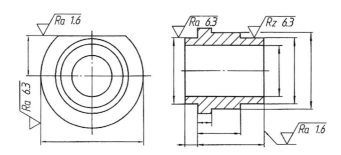

图 8-18 表面结构要求标注在圆柱特征的延长线上

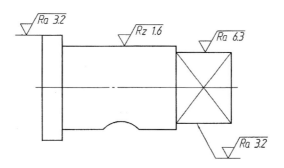

图 8-19 圆柱与棱柱的表面结构要求的注法

6.表面结构要求在图样中的简化注法

（1）相同表面结构要求的简化注法。工件的多数（包括全部）表面有相同的表面结构要求时，可统一标注在图样标题栏附近（不同的表面结构要求应直接标注在图形中）。此时，表面结构要求的符号后面应有：

① 在圆括号内给出无任何其他标注的基本符号（图8-20a）。

② 在圆括号内给出不同的表面结构要求（图8-20b）。

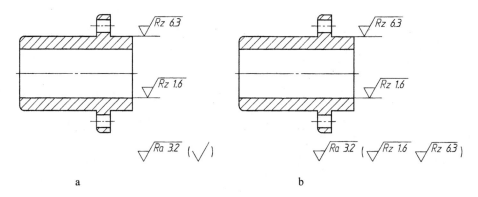

图8-20　大多数表面有相同表面结构要求的简化画法

（2）多个表面有共同要求的注法。

① 带字母的完整符号的简化注法，即用带字母的完整符号以等式的形式在图形或标题栏附近有相同表面结构要求的表面进行简化标注（图8-21）。

② 只用表面结构符号的简化注法，即用表面结构符号以等式的形式给出多个表面共同的表面结构要求（图8-22）。

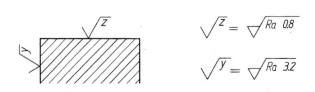

图8-21　在图纸空间有限时的简化注法

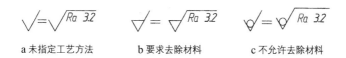

a 未指定工艺方法   b 要求去除材料   c 不允许去除材料

图 8-22 多个表面结构要求的简化注法

二、极限与配合

从一批规格相同的零件中任取一件，不经修配就能立即装到机器或者部件上，并能保证使用要求，零件的这种性质称为互换性，现代化大生产需要这种互换性。零件具有互换性，不仅给机器的装配、维修带来方便，而且满足生产部门广泛协作的要求，为大批量和专门化生产创造条件，从而缩短生产周期，提高劳动效率和经济效益。下面简要介绍国家标准《极限与配合》（GB/T 1800.1-4）的基本内容。

1. 尺寸公差

零件在制造过程中，由于加工或测量等因素的影响，完工后的实际尺寸总是存在一定的误差。为保证零件的互换性，必须将零件的实际尺寸控制在允许变动的范围内，这个被允许的尺寸变动量称为尺寸公差。关于尺寸公差的一些名词，以图 8-23a 圆柱孔尺寸 $\phi 30 \pm 0.01$ 为例简要说明如下：

（1）基本尺寸，即设计给定的尺寸：$\phi 30$。

（2）极限尺寸，即允许尺寸变动的两个极限值：

最大极限尺寸 30+0.01=30.01

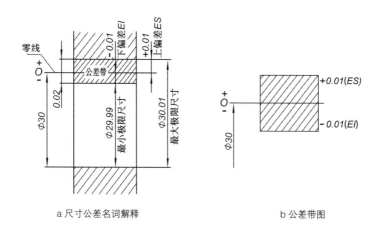

a 尺寸公差名词解释   b 公差带图

图 8-23 尺寸公差名词解释及公差范围

最小极限尺寸　30 − 0.01=29.99

（3）极限偏差，即极限尺寸减基本尺寸所得的代数差。最大极限尺寸和最小极限尺寸减基本尺寸所得的代数差，分别为上偏差和下偏差，统称极限偏差。孔的上、下偏差分别用大写字母 ES 和 EI 表示，轴的上、下偏差分别用小写字母 es 和 ei 表示。

上偏差 ES=30.01 − 30=+0.01

下偏差 EI=29.99 − 30= − 0.01

（4）尺寸公差（简称公差）是允许尺寸变动的量，即最大极限尺寸减最小极限尺寸所得公差，也等于上偏差减下偏差所得的代数差。尺寸公差是一个没有符号的绝对值。

公差：30.01 − 29.99=0.02

或 │ 0.01 − （ − 0.01） │ =0.02

（5）公差带是由代表上偏差和下偏差的两条直线所限定的一个区域。为简化起见，一般只画出上、下偏差围成的方框简图，称为公差带图，如图 8-23b 所示。在公差带图中，零线是表示基本尺寸的一条直线。零线上方的偏差为正值，零线下方的偏差为负值。公差带由公差大小和相对零线的位置确定。

（6）极限制，即经标准化的公差与偏差制度。

2. 配合

基本尺寸相同的、相互结合的孔和轴公差带之间的关系称为配合。由于孔和轴的实际尺寸不同，配合后会产生间隙或过盈。孔的尺寸减去相配合轴的尺寸，差为正时是间隙，差为负时是过盈。

根据实际需要，配合分为三类：间隙配合、过渡配合和过盈配合。

（1）间隙配合，即孔的实际尺寸总比轴的实际尺寸大，装配在一起后，一般来说，轴在孔中能自由转动或移动（图 8-24a）。

（2）过渡配合，即轴的实际尺寸比孔的实际尺寸有时小，有时大。孔与轴装配后，轴比孔小时能活动，但比间隙配合稍紧；轴比孔大时不能活动，但比过盈配合稍松。这种介于间隙和过盈之间的配合，即为过渡配合。此时，孔的公差带与轴的公差带相互重叠（图 8-24b）。

（3）过盈配合，即孔的实际尺寸总比轴的实际尺寸小，装配时需要借助一定的外力或将孔零件加热膨胀后才能把轴装入孔中。所以，轴与孔装配后不能做相对运

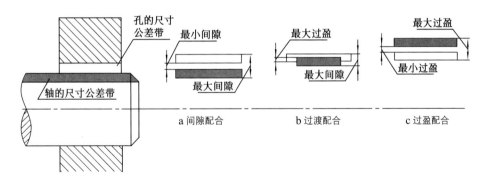

图 8-24　配合类别

动。此时，孔的公差带在轴的公差带之下（图 8-24c）。

3. 标准公差与基本偏差

为了满足不同的配合要求，国家标准规定，孔、轴公差带由标准公差和基本偏差两个要素组成。标准公差确定公差带大小，基本偏差确定公差带位置，如图 8-25 所示。

（1）标准公差（IT），即由标准规定的任一公差。标准公差的数值由基本尺寸和公差等级来确定，其中公差等级确定尺寸的精确程度。标准公差分为 20 个等级，即 IT01、IT0、IT1……IT18。IT 表示公差，数字表示公差等级。IT01 公差值最小，精度最高；IT18 公差值最大，精度最低。在 20 个标准公差等级中，IT01—IT11 用于配合尺寸，IT12—IT18 用于非配合尺寸。各级标准公差的数值可查阅表 8-5。

表 8-5　标准公差数值（GB/T 1800.4–1999）

基本尺寸（mm）		标准公差等级																
大于	至	IT1	IT2	IT3	IT4	IT5	IT6	IT7	IT8	IT9	IT10	IT11	IT12	IT13	IT14	IT15	IT16	IT17	IT18
		μm											mm						
—	3	0.8	1.2	2	3	4	6	10	14	25	40	60	0.1	0.14	0.25	0.4	0.6	1	1.4
3	6	1	1.5	2.5	4	5	8	12	18	30	48	75	0.12	0.18	0.3	0.48	0.75	1.2	1.8
6	10	1	1.5	2.5	4	6	9	15	22	36	58	90	0.15	0.22	0.36	0.58	0.9	1.5	2.2
10	18	1.2	2	3	5	8	11	18	27	43	70	110	0.18	0.27	0.43	0.7	1.1	1.8	2.7
18	30	1.5	2.5	4	6	9	13	21	33	52	84	130	0.21	0.33	0.52	0.84	1.3	2.1	3.3
30	50	1.5	2.5	4	7	11	16	25	39	62	100	160	0.25	0.39	0.62	1	1.6	2.5	3.9
50	80	2	3	5	8	13	19	30	46	74	120	190	0.3	0.46	0.74	1.2	1.9	3	4.6
80	120	2.5	4	6	10	15	22	35	54	87	140	220	0.35	0.54	0.87	1.4	2.2	3.5	5.4
120	180	3.5	5	8	12	18	25	40	63	100	160	250	0.4	0.63	1	1.6	2.5	4	6.3
180	250	4.5	7	10	14	20	29	46	72	115	185	290	0.46	0.72	1.15	1.85	2.9	4.6	7.2
250	315	6	8	12	16	23	32	52	81	130	210	320	0.52	0.81	1.3	2.1	3.2	5.2	8.1

（2）基本偏差，用来确定公差带相对零线位置的上偏差或下偏差，一般是指孔和轴的公差带中靠近零线的那个偏差。当公差带在零线的上方时，基本偏差为下偏差；反之则为上偏差，如图 8-25 所示 。基本偏差的代号用字母表示，大写的为孔（EI、ES），小写的为轴（ei、es）。

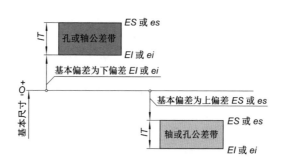

图 8-25　公差带大小及位置

国家标准 GB/T1800.2-1998 对孔和轴各规定了 28 个基本偏差，如图 8-26 所示。其中 A—H（a—h）用于间隙配合，J—ZC（j—zc）用于过渡配合和过盈配合。从基本偏差系列图中可以看到：孔的基本偏差 A—H 为下偏差，J—ZC 为上偏差；轴的基本偏差 a—h 为上偏差，j—zc 为下偏差；JS 和 js 没有基本偏差，其上、下偏差与零线对称，孔和轴的上、下偏差分别是 +IT/2、-IT/2。基本偏差系列图只表示公差带的位置，不表示公差带的大小，因此，公差带的一端是开口的，开口的另一端由标准公差限定。

基本偏差和标准公差等级确定后，孔和轴的公差带大小和位置就确定了，这时它们的配合性质也确定了。

根据尺寸公差的定义，基本偏差和标准公差有以下计算式：

ES=EI+IT 或 EI=ES - IT

es=ei+IT 或 ei=es - IT

4. 配合制

在制造互相配合的零件时，将其中一种零件作为基准件，它的基本偏差固定，通过改变另一种非基准件的基本偏差来获得各种不同性质的配合制度称为配合制。根据实际生产需要，国家标准中规定了两种配合制。

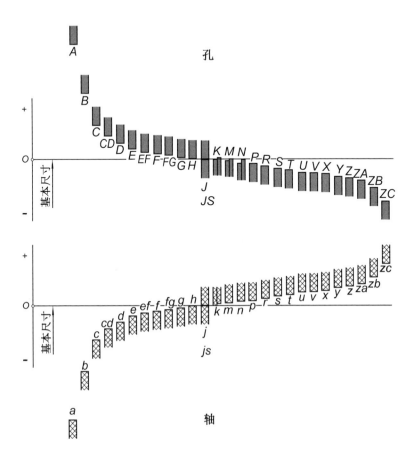

图 8-26　基本偏差系列

（1）基孔制配合，即基本偏差为一定的孔的公差带，与不同基本偏差的轴的公差带形成各种配合的一种制度。基孔制配合的孔称为基准孔，其基本偏差代号为 H，下偏差为零，即它的最小极限尺寸等于基本尺寸。图 8-27 所示为采用基孔制配合所得到的各种不同程度的配合。

（2）基轴制配合，即基本偏差为一定的轴的公差带，与不同基本偏差的孔的公差带形成各种配合的一种制度。基轴制配合的轴称为基准轴，其基本偏差代号为 h，上偏差为零，即它的最大极限尺寸等于基本尺寸。图 8-28 所示为采用基轴制配合所得到的各种不同程度的配合。

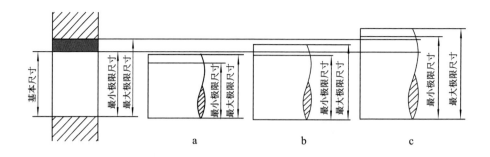

图 8-27 基孔制配合

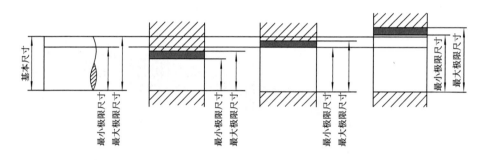

图 8-28 基轴制配合

5. 优先、常用配合

从经济性出发，为避免刀、量具的品种、规格过于繁杂，国家标准 GB/T 1800.4-1999 虽只提供了常用的公差带，但种类仍然很多。为此，GB/T 1801-1999 对公差带和配合的选择做了进一步的限制，规定了基本尺寸至 3150 毫米的孔、轴公差带分为优先、常用（含优先）和一般用途（含优先、常用）三类，并相应地规定了基孔制常用配合共 59 种，其中优先配合 13 种，见表 8-6；基轴制常用配合共 47 种，其中优先配合 13 种，见表 8-7。

三、形状和位置公差

1. 基本概念

零件加工过程中，不仅会产生尺寸误差，也会出现形状和相对位置误差。例如，加工轴时可能会出现轴线弯曲或大小头的现象，这就是零件形状误差。如图 8-29a

表 8-6　基孔制优先、常用配合

基准孔	轴																				
	a	b	c	d	e	f	g	h	js	k	m	n	p	r	s	t	u	v	x	y	z
	间隙配合								过渡配合				过盈配合								
H6						H6/f5	H6/g5	H6/h5	H6/js5	H6/k5	H6/m5	H6/n5	H6/p5	H6/r5	H6/s5	H6/t5					
H7						H7/f6	H7/g6	H7/h6	H7/js6	H7/k6	H7/m6	H7/n6	H7/p6	H7/r6	H7/s6	H7/t6	H7/u6	H7/v6	H7/x6	H7/y6	
H8					H8/e7	H8/f7	H8/g7	H8/h7	H8/js7	H8/k7	H8/m7	H8/n7	H8/p7	H8/r7	H8/s7	H8/t7	H8/u7				
				H8/d8	H8/e8	H8/f8		H8/h8													
H9			H9/c9	H9/d9	H9/e9	H9/f9		H9/h9													
H10			H10/c10	H10/d10				H10/h10													
H11	H11/a11	H11/b11	H11/c11	H11/d11				H11/h11													
H12		H12/b12						H12/h12	常用配合共59种，其中优先配合13种。左上角标记三角形的格子中为优先配合。H6/n5、H7/P6在基本尺寸小于或等于3mm和H8/r7在基本尺寸小于或等于100mm时为过渡配合。												

表 8-7　基轴制优先、常用配合

基准轴	孔																				
	A	B	C	D	E	F	G	H	JS	K	M	N	P	R	S	T	U	V	X	Y	Z
	间隙配合								过渡配合				过盈配合								
h5						F6/h5	G6/h5	H6/h5	JS6/h5	K6/h5	M6/h5	N6/h5	P6/h5	R6/h5	S6/h5	T6/h5					
h6						F7/h6	G7/h6	H7/h6	JS7/h6	K7/h6	M7/h6	N7/h6	P7/h6	R7/h6	S7/h6	T7/h6	U7/h6				
h7					E8/h7	F8/h7		H8/h7	JS8/h7	K8/h7	M8/h7	N8/h7									
h8				D8/h8	E8/h8	F8/h8		H8/h8													
h9				D9/h9	E9/h9	F9/h9		H9/h9													
h10				D10/h10				H10/h10													
h11	A11/h11	B11/h11	C11/h11	D11/h11				H11/h11													
h12		B12/h12						H12/h12	常用配合共47种，其中优先配合13种。左上角标记三角形的格子中为优先配合。												

所示的圆柱销，除了注出直径的尺寸公差外，还标注了圆柱轴线的形状公差代号，表示圆柱实际轴线必须在 φ0.006 毫米的圆柱面内。又如图 8-29b 所示，箱体上两个孔是安装锥齿轮轴的孔，如果两孔的轴线歪斜太大，势必影响一对锥齿轮的啮合传

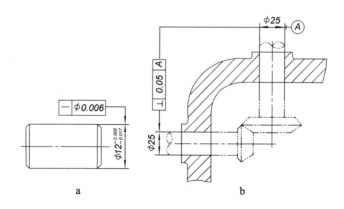

图 8-29　形状和位置公差示例

动。为了保证正常的啮合，必须标注位置公差——垂直度。图中代号的意义是：水平孔的轴线必须位于距离为 0.05 毫米，且垂直于另一个孔的轴线的两平行平面之间。

　　形状和位置的误差过大会影响机器的工作性能，因此，制作零件除应保证尺寸精度外，还应控制其形状和位置的误差。对形状和位置误差的控制是通过形状和位置公差来实现的。

　　形状公差是零件实际要素形状相对于其理想形状所允许的变动量，位置公差是零件实际要素的位置相对于其理想位置所允许的变动量。形状公差和位置公差简称形位公差。形位公差特征项目的分类及符号见表 8-8。

表 8-8　形位公差特征项目的分类及符号

分类	项目	符号	分类		项目	符号
形状公差	直线度	—	位置公差	定向	平行度	//
	平面度	▱			垂直度	⊥
	圆度	○			倾斜度	∠
	直线度	⌀		定位	同轴（同心）度	◎
形状或位置公差	线轮廓度	⌒			对称度	≡
					位置度	⊕
	面轮廓度	⌒		跳动	圆跳动	↗
					全跳动	↗↗

2. 形位公差代号

如图 8-30a 所示，形位公差的框格线用细实线绘制，分成两格或多格，框格高度是图中尺寸数字高度的 2 倍，框格长度根据需要而定。框格中的字母、数字与图中数字等高。形位公差项目符号的线宽为图中数字高度的 1/10，框格应水平或垂直绘制。图 8-30b 所示为标注公差时所用的基准符号。

3. 形位公差代号的标注示例

图 8-31 所示为气门阀杆形位公差标注示例。从图中可以看到，当被测要素为轮廓要素时，从框格引出的指引线箭头应指在该要素的轮廓线或其延长线上。当被测要素是轴线或对称中心线（中心要素）时，应将箭头与该要素的尺寸线对齐，如 M8×1 轴线的同轴度注法。当基准要素是轴线时，应将基准符号与该要素的尺寸线对齐，如图 8-31 中的基准 A。

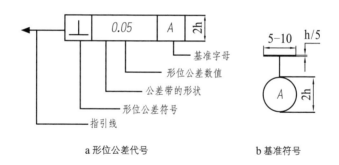

a 形位公差代号　　　　　　　　b 基准符号

图 8-30　形位公差的框格和基准符号

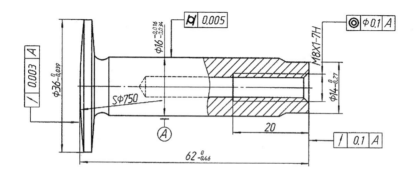

图 8-31　形位公差标注示例

第四节　零件图的工艺结构

机器上的大多数零件都是通过铸造和机械加工制造而成，其结构形状除了应满足设计要求，还要便于制造和安装。

一、铸造工艺结构

1. 起模斜度

为了顺利地将木模从砂型中取出，铸件的内、外壁沿起模方向应有一定的起模斜度，一般为 1：20（图 8-32）。斜度在图样上可以不画、不标注，但需在技术要求中注明。

2. 铸造圆角

铸件的表面相交处应有过渡圆角，以防浇注铁水时冲坏砂型尖角处，冷却时产生缩孔和裂纹。圆角半径一般取壁厚的 0.2—0.4 倍，同一铸件的圆角半径应尽可能相同（图 8-33）。

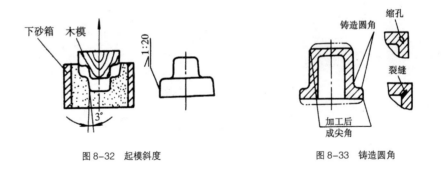

图 8-32　起模斜度　　　　　　　图 8-33　铸造圆角

3. 铸件壁厚

铸件浇注后的冷却过程中，容易因厚薄不均匀而产生裂纹、缩孔等缺陷，因此，铸件各处的壁厚应尽量均匀或逐渐过渡（图 8-34）。

4. 过渡线

铸件两表面有圆角过渡，表面交线不明显，但为了方便读图，仍要画出交线。这种交线的两端不与轮廓线的圆角相交，称为过渡线（图 8-35—图 8-37）。

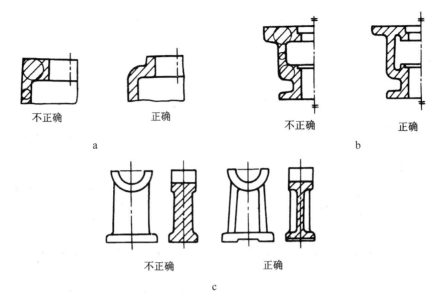

不正确 正确

a

不正确 正确

b

不正确 正确

c

图 8-34 铸件壁厚

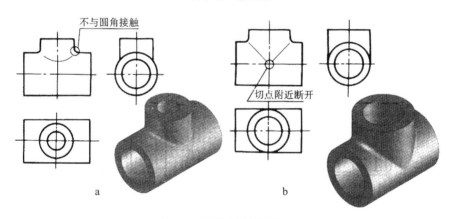

不与圆角接触

切点附近断开

a

b

图 8-35 两圆柱相交过渡线的画法

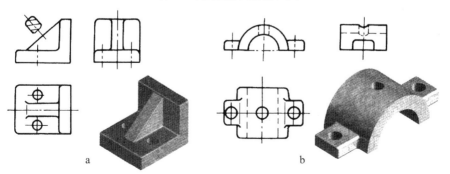

a

b

图 8-36 平面与平面、平面与曲面相交过渡线的画法

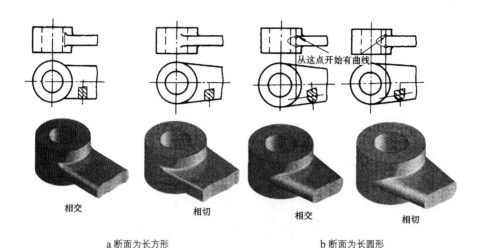

a 断面为长方形   b 断面为长圆形

图 8-37   肋板与圆柱相交过渡线的画法

二、机械加工工艺结构

1. 退刀槽和砂轮越程槽

在切削零件时，为方便进、退刀和被加工表面的完全加工，通常在螺纹端部、轴肩和孔的台阶部位设计出退刀槽或砂轮越程槽（图 8-38）。

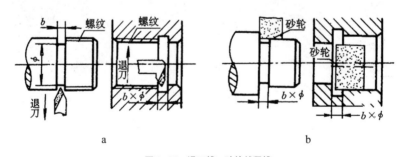

图 8-38   退刀槽、砂轮越程槽

2. 倒圆与倒角

为了便于装配和去除毛刺、锐边，一般将孔和轴的端部加工成倒角（图 8-39）。为了避免应力集中，轴肩处通常加工成倒圆（图 8-40）。倒角和倒圆在零件图中应画出。倒角为 45° 的标注如图 8-39a 所示，C2 为宽度为 2 毫米倒角为 45° 的简化注法。倒角非 45° 时的尺寸标注见图 8-39b。

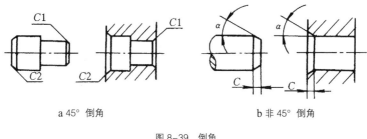

a 45° 倒角　　　　　　b 非 45° 倒角

图 8-39　倒角

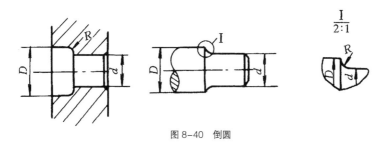

图 8-40　倒圆

3. 减少加工面结构

减少加工面结构可提高零件接触表面的加工精度与装配精度，有助于节省材料，减轻零件重量（图 8-41）。

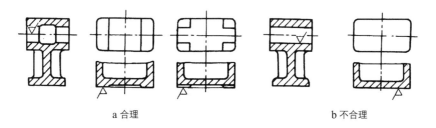

a 合理　　　　　　　　　　　b 不合理

图 8-41　减少加工面结构

4. 钻孔结构

不通孔要画出由钻头切削时自然形成的 120° 锐角（图 8-42a）。用两个不同直径的钻头钻台阶孔的画法见图（图 8-42c）。

钻削端面要与钻头的轴线垂直（图 8-43），以保证准确钻孔，避免钻头折断。

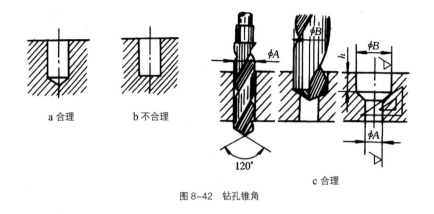

图 8-42　钻孔锥角

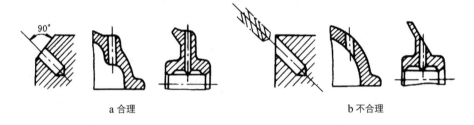

图 8-43　孔端面应垂直于孔轴线

第五节　典型零件表达方案

零件图应把零件的结构形状正确、完整、清晰地表达出来。要满足这些要求，首先要对零件的结构形状特点进行分析，并了解零件在机器或部件中的位置、作用和加工方法。然后，灵活地选择基本视图、剖视图、断面图及其他各种表示法，在零件表达清楚的前提下尽量减少图形的数量。合理地选择主视图和其他视图，确定一个较合理的表达方案是绘制零件结构形状图的关键。

根据零件结构形状和加工过程的共性，一般零件分为轴套类、轮盘类、叉架类、箱体类等。下面以几种典型的零件为例，对其功用、使用范围、结构、视图表达、尺寸标注、技术要求等内容进行分析。

一、轴套类零件

1. 功能、结构及加工分析

轴是组成机器的主要零件之一。在机械传动中，轴既传递动力，又承载一切回转运动的零件（如皮带轮、齿轮）。这些零件都需要安装在轴上才能进行运动，实现对动力的传递。轴套，主要起轴向定位的作用。安装在轴上的传动件，有些是依靠轴套来定位、分割的，以避免在回转过程中，因离心力作用发生轴向窜动，使传动失效。

轴的主体结构为若干段相互衔接的直径和长度不同的圆柱体（称为轴段），各段长度总和明显或远大于圆柱体直径，常用的为各轴段具有共同轴线的阶梯轴。轴之所以做成阶梯状，一是为了轴上零件定位，二是为了便于轴上零件的装配。套类零件结构一般比较简单，孔端通常加工出倒角，但也有比较复杂的套类零件。

轴套类零件上的常见局部功能结构为键槽、花键、螺纹、弹簧挡圈槽、销孔和装紧定螺钉用的凹坑等，齿轮轴上制有齿。

轴套类零件主要的加工方法为在车床上车削和在磨床上磨削，轴上的常见局部工艺结构有倒角、退刀槽、越程槽和中心孔。

2. 视图选择

轴套类零件多在车床和磨床上加工。为了加工时看图方便，轴套类零件的主视图应根据其加工位置选择。一般将轴线水平放置，用一个主视图并结合尺寸标注，就能清楚地反映出阶梯轴的各段形状、相对位置，以及轴上各种局部结构的轴向位置。轴上的局部结构一般采用断面图、局部剖视图、局部放大图、局部视图来表达。

如图 8-44 所示，该螺杆主视图采用局部剖视的表达方法，表达了螺杆的基本外形和螺纹牙型。螺杆的左端为一半径为 25 毫米的球体，其余各段为直径不同的圆柱体，其上有直径为 22 毫米的通孔，右端有螺纹结构。轴套类零件的主要结构为回转体，所以基本视图一般只需要主视图加上尺寸标注就可以将零件基本形状表达清楚。对于零件上的键槽、孔等结构，可用移出断面图、局部剖视图、局部放大图、局部视图来表达。图 8-44 选用一移出断面图来表达螺杆上两孔相贯的结构，由于上下对称，采用了简化画法。同时，采用局部剖视图表达了螺纹的牙型。

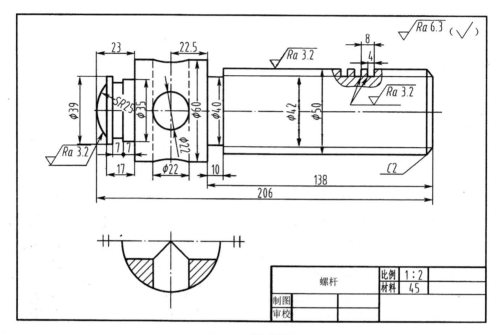

图 8-44　螺杆零件图

3. 尺寸标注

(1) 各轴段直径尺寸以共同轴线为基准直接注出。

(2) 正确选择基准，合理标注轴向尺寸是轴类零件尺寸标注的重点。

轴套类零件，因基本形状是同轴回转体，所以其轴线常作为径向基准，重要的端面常作为长度基准，如图 8-44 中的长度 206、138 均从右端面标出，这个端面即为这些尺寸的基准。

(3)轴上各局部结构（如键槽、花键、螺纹、倒角、退刀槽和中心孔等)的参数、规格应符合标准规定，尺寸注法应符合标准注法或习惯注法。

4. 技术要求

(1) 一般轴的表面均为切削加工表面。要求较高的配合表面，其粗糙度数值应分别直接注出，其余一般表面应力求选择统一、经济的粗糙度数值，在右上角或标题栏附近统一标注。

(2) 需指定数值的尺寸公差和形位公差可直接注出；按未注公差处理的，应在技术要求项下标明。

（3）对热处理的要求应在技术要求项下注出。

除上述阶梯轴外，工程中有时也会使用曲轴和偏心轴，图样画法基本相同，只是在尺寸标注时要标出偏心轴段的偏心距离。

套类零件因均有空腔，主视图需用全剖或半剖方式绘制，其他地方与轴的画法基本相同，不另详述。

二、轮盘类零件

轮盘类零件常见的有圆形为主的盘盖和圆轮两种，下面重点介绍第一种。

1. 功能、结构及加工分析

各种手轮、带轮、法兰盘、端盖等均属于轮盘类零件。轮类零件多用于传递扭矩，盘类零件多用于连接、支撑和密封。

此类零件主体结构为同一轴线的多个圆柱体（和圆柱孔腔），直径明显大于轴向（长度或厚度）尺寸，由于安装位置的限制和结构需要，常有将某一圆柱切去一部分的情况。常见的局部功能结构包括安装螺钉的螺纹孔或穿过螺钉的光孔（常为多个均布）、定位用的销孔、键槽、弹簧挡圈槽，以及润滑用的加油孔和油沟等。常见的局部工艺结构有倒角、退刀槽和越程槽等。

此类零件的加工方法多为铸、锻形成毛坯后再切削，切削加工以车、磨为重点。

2. 视图选择

（1）一般都以过中心轴线的全剖视图或旋转剖的全剖视图为主视图，中心轴线水平放置。如此选择可以使主视图与盘在车床和外、内圆磨床上加工时状态一致，便于加工者看图，亦符合表示零件结构、形状信息量最多的原则。

（2）左视图的作用是表示均布孔（槽）的分布情况，如图 8-45 所示。

有时，主视图确定后需要使用右视图而不宜使用左视图。此时，为读图方便，常将右视图做向视图处理。有时，左、右视图要同时使用，可按规定配置。

（3）某些局部结构过小，以致结构、形状不清或标注尺寸和技术要求有困难时，需画局部放大图。

3. 尺寸标注

（1）各主体圆柱直径尺寸以轴线为基准标注在主视图中，尽量避免注在左视图或右视图的同心圆上。

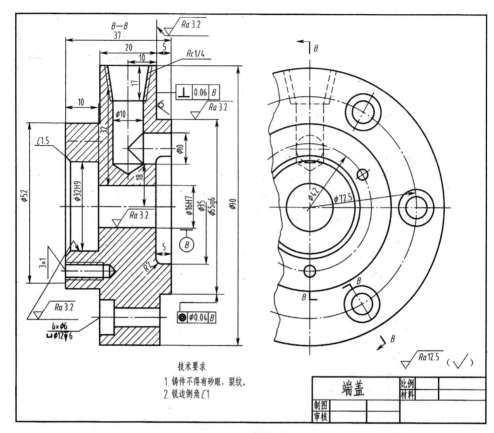

图 8-45 端盖零件图

（2）标注长度方向尺寸时要注意，若外、内形长度尺寸较多，要将它们分开在上、下两侧标注。

（3）标注长度方向尺寸时要正确选择基准、合理标注，以保证功能和便于加工、测量。轮盘类零件通常选用通过轴孔的轴线作为径向尺寸基准。图 8-45 中的端盖就是这样选择的，径向尺寸基准也是标注方形凸缘的高、宽方向尺寸的基准。长度方向的尺寸基准，常选用重要的端面，图 8-45 中端盖的右端面为长度方向尺寸的主要基准。

（4）此类零件中均布孔的定形、定位尺寸标注在左、右视图中已形成规律，应尽量使用国标推荐的简化注法。

4. 技术要求

此类零件主要功能为支承、定位和连接，故外圆柱表面与内孔表面有同轴度要求。大端面有对轴线垂直度的要求。这些形位公差要求应用规定符号注出。

表面粗糙度和尺寸公差的标注方法与轴套类零件基本相同。

三、叉架类零件

1. 功能、结构及加工分析

叉架类零件主要起支撑、操纵、连接、传动或连结作用。拨叉、连杆、支架、支座等均属于此类零件。叉架类零件的结构形状比较复杂多样，毛坯多为不规则的铸、锻件，杆身断面形状常为矩形、椭圆形、工字形、T 字形或十字形等，主体结构常分为安装部分、连接部分和工作部分。局部功能结构主要是叉体部分，多有肋，目的是既保证强度、刚度又减轻重量。

2. 视图选择

（1）以最能表达零件结构、形状特征的视图为主视图，主视图中一般要将零件"摆正"（即使其处于自然状态），使形态稳定、平衡，便于画图，能同时反映工作状态则更佳。此种选择也有利于铸、锻操作者看图。

（2）因常有形状扭斜，仅用基本视图往往不能反映真实形状，所以也可选用斜视图、局部视图和斜剖图等。

（3）对肋结构用断面图表示，当杆类零件较长时，可用断开后缩短画法。

图 8-46 为托架零件图，主视图以工作位置放置并考虑到了形状特征，表达了相互垂直的安装面、U 形肋、支撑孔和夹紧用的螺孔等结构。俯视图主要表达安装板的形状和安装孔的位置，以及工作部分孔 $\phi35$ 等处。为了表明螺纹夹紧部分的外形结构，采用了 B 向局部视图。用移出断面表达了 U 形肋的断面形状。

3. 尺寸标注

叉架类零件标注尺寸时，通常选择安装基面或零件的对称面作为尺寸基准。图8-46 所示的托架选用安装板下端面作为高度方向的尺寸基准；选用安装板的右面（B面）作为长度方向尺寸基准；宽度方向的尺寸基准是前后方向的对称平面。

4. 技术要求

根据需要按规定注法标注即可。

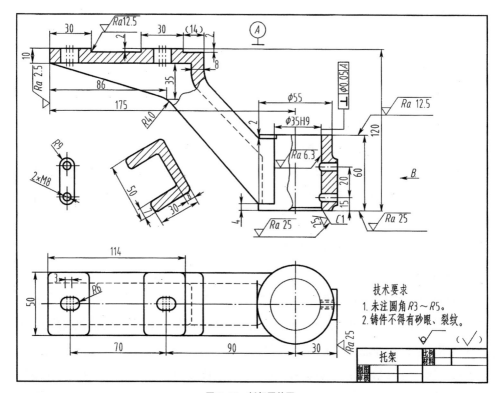

图 8-46 托架零件图

四、箱体类零件

1. 功能、结构及加工分析

箱体的功能是包容、支承、安装、固定部件中的其他零件，并作为部件的基础与机架相连接。

由于功能需求上的区别，不同箱体的主体结构差异很大，但一般都包括四个部分：具有较大空腔的体身，安装支承轴及轴承的轴孔，与机架相连的底板和与箱盖相连的顶板。

箱体上常见的局部功能结构为加强用的肋板和凸台；定位、安装用的凸台、四坑或凸、凹导轨；定位用的销孔，安装、连接用的螺孔；定位或润滑用的沟槽等。这些结构的存在使箱体的结构、形状变得复杂。箱体上常见的局部工艺结构有铸造圆角、起模斜度、孔口的倒角、棱边的倒棱和退刀槽等。

绝大多数金属材料的箱体由铸造形成毛坯，少数焊接而成。塑料箱体由注塑法形成毛坯。形成毛坯后，经多道切削加工工序，最后制造完成。

2. 视图选择

（1）令主视图反映箱体工作状态且明显反映结构、形状特点是选择主视图的出发点。

（2）箱壳类零件的包容功能决定了其结构和加工要求重点在于内腔，一般主视图采用剖视画法（全剖视、半剖视或较大面积的局部剖视）绘制，需要时常将主视外形图做向视图处理。

（3）为了表达复杂的内、外结构和形状，视图较多，要注意合理配置和正确标注。

（4）选用剖视图时，一般以把完整孔形剖出为原则，当轴孔不在同一平面时，要善于使用局部剖视图、阶梯剖视图和复合剖视图表达。

（5）细部结构可用局部放大图表示，以便形状、尺寸和技术要求能够标注清晰。

（6）为了表达完整和减少视图数量，可以适当地使用虚线，但一要注意不可多用，二要注意不可令其"担当重任"。

图 8-47 所示泵体选择其工作位置作为主视图的投影方向。主视图采用全剖视图，表达各空腔的结构和相对位置；左视图表达左端面的形状和各螺孔的位置，采用局

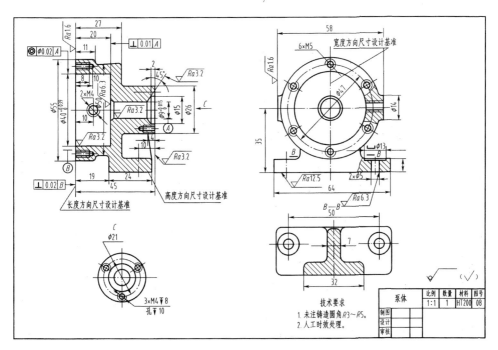

图 8-47　泵体零件图

部剖视图表达前端面上的螺孔结构；B—B 剖视图表达支撑板的 T 形断面；C 向局部视图表达右端面的形状和螺孔位置。选用这样一组视图，便可以把箱体的全部形状表达清楚。

3. 尺寸标注

箱体类零件图中的尺寸标注也是比较复杂的。在分析尺寸时，首先要看清尺寸基准，抓住主要尺寸，通过形体分析的方法，逐一认清各部分结构的定位尺寸和定形尺寸。泵体的底面为安装基面，因此泵体底面为高度方向尺寸的设计基准。同时，底面也是工艺基准。宽度方向尺寸以泵体的前、后对称面为基准，长度方向尺寸以泵体的左端面为基准。

4. 技术要求

箱体零件的技术要求主要集中在重要的箱体孔和重要表面部分。这些部分要注明尺寸精度、表面结构要求，通常还会有行为公差要求。

第六节　读零件图

零件图是制造和检验零件的依据，是反映零件结构、大小和技术要求的载体。读零件图的目的就是根据零件图想象零件的结构形状，了解零件的制造方法和技术要求。读零件图时，最好能将零件在机器或部件中的位置、功能以及与其他零件的装配关系结合起来思考。

一、读零件图的步骤与方法

（1）读标题栏，从标题栏中了解零件的名称、材料、比例、用途。

（2）分析零件的表达方案：找出主视图，分析各视图间的关系，读懂剖视图中的投射方向、剖切位置和表达内容。

（3）分析形体：利用"三等"规律，分析零件内、外结构，想象出整体形状和结构。

（4）分析尺寸：了解尺寸基准、定形尺寸、定位尺寸并确定零件的总体尺寸。

（5）看技术要求：了解表面粗糙度、尺寸公差、形位公差和其他技术要求。

（6）综合上述分析，了解零件的完整结构，真正读懂零件图。

下面通过球阀中的主要零件来介绍读零件图的方法和步骤。

球阀是管路系统中的一个开关，从图 8-48 所示的球阀轴测装配图中可以看出，球阀的工作原理是驱动扳手转动阀杆和阀芯，控制球阀启闭。阀杆和阀芯包容在阀体内，阀盖通过四个螺柱与阀体连接。通过以上分析，可清楚了解球阀中主要零件的功能以及零件间的装配关系。

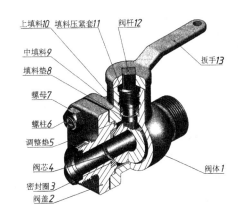

图 8-48　球阀轴测装配图

二、阀杆（图 8-49）

1. 结构分析

对照球阀轴测装配图可以看出：阀杆的上部为四棱柱体，与扳手的方孔配合；阀

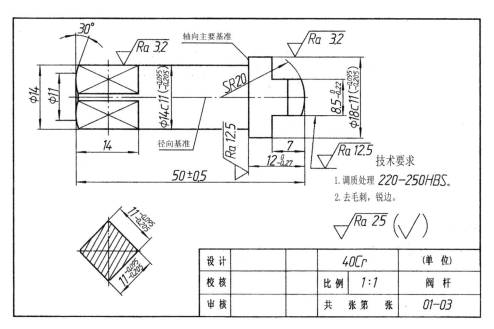

图 8-49　阀杆零件图

杆下部分带球面的凸榫插入阀芯上部的通槽内，以便使用扳手转动阀杆，带动阀芯旋转，控制球阀的启闭和流量。

2. 表达分析

阀杆零件图用一个基本视图和一个断面图表达，主视图按加工位置将阀杆水平横放，左端的四棱柱体采用移出断面图表示。

3. 尺寸分析

阀杆以水平轴线作为径向尺寸基准，也是高度和宽度方向的尺寸基准，由此注出径向各部分尺寸：$\phi 14$、$\phi 11$、$\phi 14c11^{-0.095}_{-0.205}$、$\phi 18c11^{-0.095}_{-0.205}$。尺寸数字后面注写公差带代号或偏差值，一般指零件该部分与其他零件有配合关系，如 $\phi 14c11^{-0.095}_{-0.205}$ 和 $\phi 18c11^{-0.095}_{-0.205}$ 指零件这两部分分别与球阀中的填料压紧套和阀体有配合关系（图 8-49），表面粗糙度的要求较严，Ra 值为 3.2 微米。

选择表面粗糙度为 Ra12.5 的端面作为阀杆长度方向的主要尺寸基准，由此注出尺寸 $12^{0}_{-0.27}$，以右端面为轴向的第一辅助基准，注出尺寸 7、50±0.5，以左端面为轴向的第二辅助基准，注出尺寸 14。

阀杆应经过调质处理为 220—250HBS，以提高材料的韧性和强度。

三、阀盖（图 8-50）

1. 结构分析

对照轴测装配图，阀盖的右边与阀体有相同的方形法兰盘结构。阀盖通过螺柱与阀体连接，中间的通孔与阀芯的通孔对应。阀盖的左侧有与阀体右侧相同的外管螺纹连接管道，形成流体通道。

2. 表达分析

阀盖零件图用两个基本视图表达，主视图采用全剖视图，表示零件的空腔结构和左端的外螺纹。主视图的安放既符合主要加工位置，也符合阀盖在部件中的工作位置。左视图表达了带圆角的方形凸缘和四个均布的通孔。

3. 尺寸分析

多数盘盖类零件的主体结构是回转体，所以通常以轴孔的轴线作为径向尺寸基准，由此注出阀盖各部分同轴线的直径尺寸，方形凸缘也用它作为高度和宽度方向的尺寸基准。注有公差的尺寸 $\phi 50h11^{0}_{-0.16}$ 表明零件这部分与阀体有配合要求。

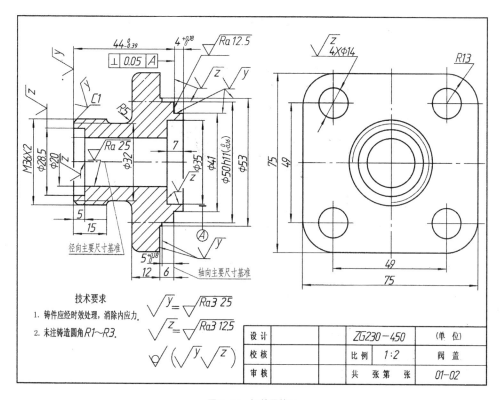

图 8-50　阀盖零件图

图中以阀盖的重要端面作为轴向尺寸基准，即长度方向的主要尺寸基准，例如注有表面粗糙度 Ra12.5 的右端凸缘的端面，由此注出尺寸 $4_0^{+0.18}$、$4_{-0.39}^{0}$ 以及 $5_0^{+0.18}$、6 等。有关长度方向的辅助基准和联系尺寸，请读者自行分析。

4. 技术要求

阀盖是铸件，需要进行时效处理，消除内应力。视图中有小圆角（铸造圆角 R1—R3）过渡的表面是不加工表面。注有尺寸公差的 ϕ50 处，对照球阀轴测装配图可以看出，与阀体有配合关系，但由于相互之间没有相对运动，所以表面粗糙度要求不严，Ra 值为 12.5 微米。作为长度方向主要尺寸基准的端面相对阀盖水平轴线的垂直度位置公差为 0.05 微米。

四、阀体（图 8-51）

1. 结构分析

阀体的作用是支撑和包容其他零件。阀体的结构特征明显，是一个具有三通管式空腔的零件。水平方向空腔容纳阀芯和密封圈；阀体右侧有外管螺纹与管道相通，形成流体通道；阀体左侧有 $\phi 50^{+0.16}_{0}$ 圆柱形槽与阀盖右侧 $\phi 50^{0}_{-0.16}$ 圆柱形凸缘相配合，阀杆的凸缘在这个孔内转动。图 8-51 为阀体轴测图。

2. 表达分析

阀体采用了三个基本视图，主视图采用全剖视图，表达零件的空腔结构；左视图的图形对称，采用半剖视图，既表达零件的空腔结构形状，也表达零件的外部形状；俯视图表达阀体俯视图方向的外形。读图时，应将三个视图综合起来想象阀体的结构形状，并仔细看懂各部分的局部结构，如俯视图中标注 $90°\pm1°$ 的两段粗短线，对照主视图和左视图看懂 $90°$ 扇形限位块，它是用来控制扳手和阀杆的旋转角度的。

3. 尺寸分析

阀体的结构形状比较复杂，标注的尺寸很多，这里仅分析其中一些主要尺寸。

（1）以阀体水平孔轴线为高度方向尺寸基准，注出水平方向孔的直径尺寸 $\phi 50^{+0.16}_{0}$、$\phi 43$、$\phi 35$、$\phi 20$、$\phi 28.5$、$\phi 32$，以及右端外螺纹 M36×2 等。

（2）以阀体铅垂孔轴线为长度方向尺寸基准，注出 $\phi 36$、$\phi 26$、M24×1.5 等，同时注出铅垂孔轴线到左端面的距离 $21^{0}_{-0.13}$。

（3）以阀体前后对称面为宽度方向尺寸基准，在左视图上注出阀体的圆柱体外形尺寸 $\phi 55$，左端面方形凸缘外形尺寸 75×75，以及四个螺孔的宽度方向定位尺寸 49，同时在俯视图上注出前后对称的扇形限位块的角度尺寸 $90°\pm1°$。

4. 技术要求

通过上述尺寸分析可以看出，阀体中比较重要的尺寸都标注了偏差数值，其对应的表面粗糙度要求也较严，Ra 值一般为 6.3 微米。阀体左端和空腔右端的阶梯孔 $\phi 50$、$\phi 35$ 分别与密封圈有配合关系，但因密封圈的材料是塑料，所以以相应的表面粗糙度要求较低，Ra 的上限值为 12.5 微米。零件上不太重要的加工表面粗糙度 Ra 值一般为 25 微米。

主视图中对阀体的形位公差要求是：空腔右端面相对 $\phi 35$ 圆柱孔轴线的垂直度公差为 0.06 毫米；$\phi 18$ 圆柱孔轴线相对 $\phi 35$ 圆柱孔轴线的垂直度公差为 0.08 毫米。

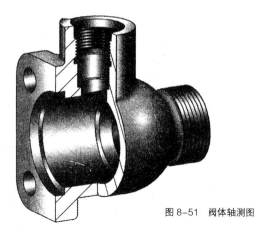

图 8-51 阀体轴测图

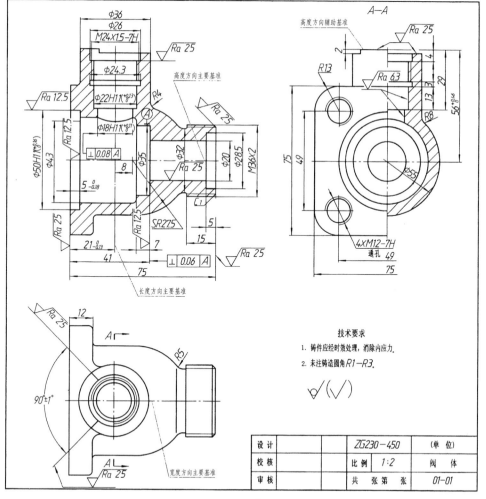

图 8-52 阀体零件图

第九章 | Chapter 9

装配图

装配图是表达机器或部件的图样，是生产中的主要技术文件之一。

本章将着重介绍装配图的内容、表达方法、画图步骤，看装配图的方法、步骤，以及由装配图拆画零件图的方法等。

第一节　装配图的基本概念

一、装配图的作用

在生产一款新机器或部件（以后通称装配体）的过程中，一般要先进行设计，画出装配图，再由装配图拆画出零件图，然后按零件图制造零件，最后依据装配图把零件装配成机器或部件。

在对现有机器和部件的安装和检修工作中，装配图也是必不可少的技术资料。在技术革新、技术协作和商品市场中，也常用装配图体现设计思想，交流技术经验和传递产品信息。

二、装配图的基本内容

图 9-1 是截止阀的装配图。一张完整的装配图须具有下列内容。

（1）一组视图，它要能清晰地表示出装配体的装配关系、工作原理和各零件的主要结构形状等。

（2）必要的尺寸，包括装配体的规格、性能、装配、检验和安装时所必要的一些尺寸。

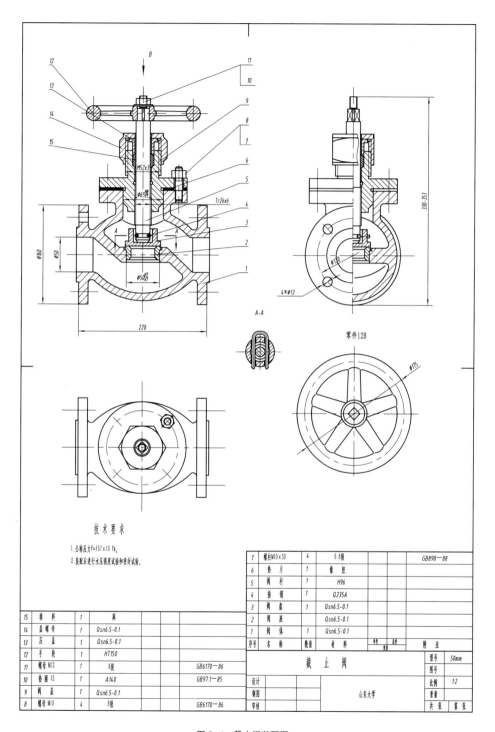

图 9-1 截止阀装配图

（3）技术要求：用文字或符号表明装配体的性能、装配、调整要求、验收条件、试验和使用规则等。

（4）标题栏、零件（或部件）编号和明细栏。在装配图上须对零件（或部件）编排序号，并将有关内容填写到标题栏和明细栏中。

第二节　装配图的表达方法

机器（或部件）同零件一样，都需要表达出内、外结构。前面讲的零件的各种表达方法和选用原则，在表达机器（或部件）时全都适用，这些方法在装配图中称为一般表达方法。为了清晰、简便地表达出装配体的结构，国家标准《机械制图》还针对装配图制定了一些特殊表达方法、规定画法和简化画法。

一、一般表达方法

零件图中采用的基本视图、其他各种视图、剖视图、断面图和各种规定画法等，在装配图中同样适用，并且是最基本的表达方法，称为一般表达方法（图 9-1）。

二、特殊表达方法

由于机器（或部件）是由若干零件装配而成，在表达时会出现一些新问题，比如有些零件会遮住其他零件，有些零件需要表达出它在机器中的运动范围等。针对这些问题，国家标准《机械制图》又提出了一些特殊表达方法。

1.拆卸画法

当某个（或某些)零件在装配图的某一视图上遮住了需要表达的结构，而它（或它们）在其他视图中已表示清楚时，可假想拆去这个（或这些）零件，把其余部分的视图画出来。若需要说明，可标注"拆 ×× 等"。比如，图 9-1 的俯视图和左视图中拆去了手轮等。

2.沿零件结合面剖切的画法

在装配图中，当某个零件遮住其他需要表达的部分时，可假想用剖切平面沿某些零件的结合面剖开，然后将剖切平面与观察者之间的零件拿走，画出剖视图。例如，图 9-2 滑动轴承装配图中的俯视图就是按这种方法画出的。图中结合面上不画剖面线。

3. 单独表示某个零件的画法

在装配图中，当某个零件的形状没有表达清楚时，可以单独画出它的某个视图，在所画视图的上方注出该零件的视图名称，在相应视图的附近用箭头指明投影方向，并注上同样的字母，如图 9-1 中的零件 12B 向视图。

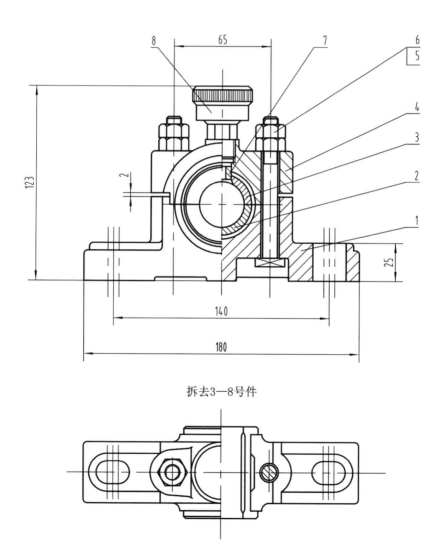

拆去3—8号件

图 9-2 滑动轴承装配图

4. 假想投影画法

在机器（或部件）中，有些零件做往复运动、转动或摆动。为了表示运动零件的极限位置或中间位置，常把它画在一个极限位置上，再用双点画线画出其余位置的假想投影，以表示零件的另一极限位置，并注上尺寸。例如，图 9-3a 中手柄的运动范围和图 9-3b 中铣床顶尖的轴向运动范围都是用双点画线画出的。

为了表示装配体与其他零（部）件的安装或装配关系，常把与该装配体相邻而又不属于该装配体的有关零（部）件的轮廓线用双点画线画出，如图 9-3a 中表示了箱体安装在双点画线表示的底座零件上。

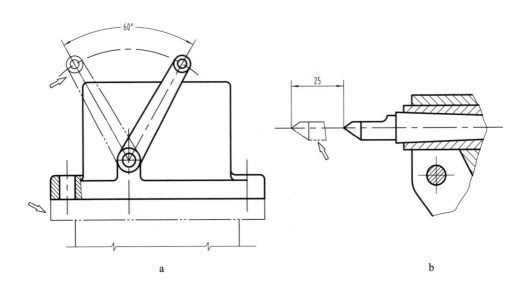

a	b

图 9-3　假想投影画法

5. 夸大画法

装配体中常遇到一些很薄的垫片、细丝的弹簧、零件间很小的间隙和锥度较小的锥销、锥孔等，若按它们的实际尺寸画出来就很不明显，因此，在装配图中允许将它们夸大画出。图 9-4 中截止阀阀盖和阀体间的调整垫片采用的就是夸大画法，图 9-4 中带密封槽的压盖与轴之间的间隙也是放大后画出的。

6. 展开画法

为了表示部件传动机构的传动路线和各轴之间的装配关系，可按传动顺序将其沿轴线剖开，并展开画出。在展开剖视图的上方应注上"X-X 展开"。图 9-5 所示的

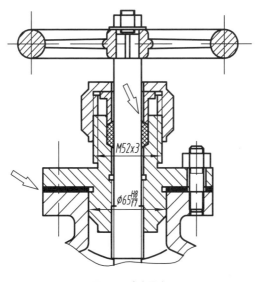

图 9-4 夸大画法

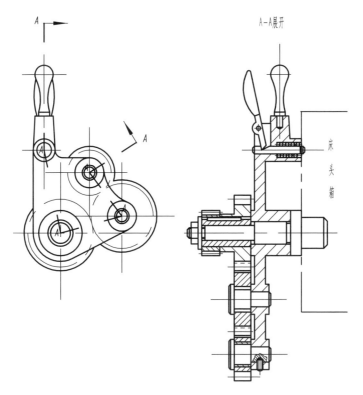

图 9-5 展开画法

挂轮架装配图便是采用的展开画法。

三、规定画法

为了明显区分每个零件，同时确切地表示出它们之间的装配关系，对装配图的画法还做了如下规定。

1. 接触面与配合面的画法

两相邻零件的接触面或配合面只画一条轮廓线（粗实线），如图9-6所示。两个基本尺寸不相同的零件套装在一起时，即使它们之间的间隙很小，也必须画出有明显间隔的两条轮廓线。图9-6中手轮的外圆柱面和钳体沉孔之间是非配合面，存有间隙。

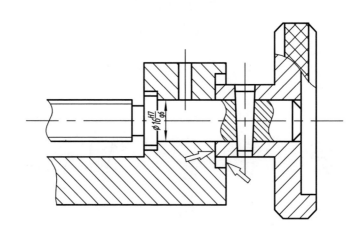

图 9-6 接触面与配合面的画法

2. 剖面线的画法（图9-7）

（1）同一金属零件的剖面线在各剖视图、断面图中应保持方向一致、间隔相等。

（2）相邻两个零件的剖面线倾斜方向应相反。

（3）3个零件相邻时，除其中两个零件的剖面线倾斜方向相反外，第三个零件应采用不同的剖面线间隔，并与同方向的剖面线错开。

（4）在装配图中，宽度小于或等于2毫米的狭小面积的断面，可用涂黑代替剖面符号，如图9-7中的垫片。

三相邻零件

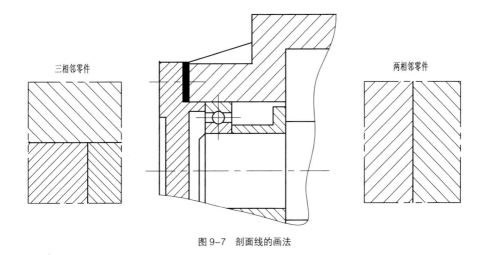

两相邻零件

图 9-7　剖面线的画法

3.实心件和紧固件的画法

装配图中的实心件（如轴、手柄、连杆、吊钩、球、键、销）和紧固件（如螺栓、螺母、垫圈），若按纵向剖开，且剖切平面通过其对称平面或轴线，则这些零件均按不剖绘制，如图 9-8 中的轴、键、螺母和垫圈。但当剖切平面垂直于上述的一些实心件和紧固件的轴线剖切时，这些零件应按剖视绘制，画出剖面符号。

实心件上有结构形状和装配关系需要表明时，可采用局部剖视。图 9-8 中的局部剖表示齿轮和轴通过平键进行连接，图 9-6 用局部剖表示手轮和轴通过圆锥销进行连接。

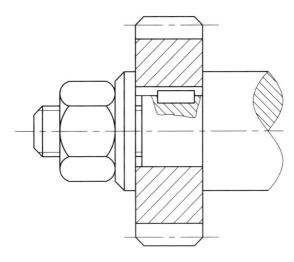

图 9-8　实心件和紧固件的画法

四、简化和省略画法

装配图中若干相同的零件组（如螺栓连接），可仅详细地画出其中一组或几组，其余只需用点画线表示出装配位置，如图 9-1 中的俯视图就只画出了一组螺柱连接。

在装配图上，零件的工艺结构，如圆角、倒角、退刀槽等允许不画。

第三节　装配图的尺寸注法

在装配图上标注尺寸与在零件图上标注尺寸有所不同，它不需要注出全部零件的所有尺寸，只需注出以下 5 种必要的尺寸。

1. 特征尺寸

表示装配体的性能或规格的尺寸叫特征尺寸。这类尺寸在该装配体设计前就已确定，是设计和使用机器的依据，例如图 9-1 中截止阀的通孔直径 $\phi 50$ 等。

2. 装配尺寸

装配尺寸是与装配体的装配质量有关的尺寸，它包括配合尺寸和相对位置尺寸。

配合尺寸是表示两个零件之间配合性质的尺寸，一般用配合代号注出，如图 9-1 中的 $\phi 50H7/n7$ 和 $\phi 65H8/f7$。

相对位置尺寸是指相关联的零件或部件之间较重要的尺寸，如主要平行轴线之间的距离，即图 9-17 中 40 ± 0.02，以及主要轴线到基准面的距离，如图 9-17 中的 $85_{-0.35}^{-0.12}$。

3. 安装尺寸

将装配体安装到其他机件或地基上去时，与安装有关的尺寸称为安装尺寸，如图 9-1 中阀体与其他机件安装时的安装尺寸 $\phi 130$、$\phi 13$、$\phi 160$ 等。

4. 外形尺寸

表示装配体的总长、总宽和总高的尺寸称为外形尺寸。这些尺寸是进行与机器相关的包装、运输、安装、厂房设计等工作时不可缺少的数据，如图 9-1 截止阀的总高为 330—353，总长为 220，总宽为手轮的最大直径 $\phi 175$。

5. 其他重要尺寸

其他重要尺寸包括对实现装配体的功能有重要意义的零件结构尺寸，如图 9-1 中阀杆 5 上面的螺纹 Tr26×6 和 M52×3 等；以及运动件运动范围的极限尺寸，如图 9-3 中摇杆摆动的极限尺寸 60°，尾架顶尖轴向移动的极限尺寸 25。

上述 5 种尺寸在一张装配图上不一定同时都有，有时一个尺寸也可能具有几种含义。应根据装配体的具体情况和装配图的具体作用分析，从而合理地标注出装配图的尺寸。

第四节　装配图中的零（部）件序号、明细栏和标题栏

在装配图上要给所有零件或部件编上序号，并在标题栏的上方设置明细栏或在图样之外另编制一份明细栏，这一切都是为机械产品的装配、图样管理、编制购货订单和有效地组织生产等事项服务的。

一、零（部）件序号

（1）在装配图中，所有零（部）件都必须编写序号。同一张装配图中，相同零件（指结构形状、尺寸和材料都相同）或部件应编写同样的序号，一般只标注一次。零（部）件的数量等内容在明细栏的相应栏目里填写。例如，图 9-1 中的 7 号零件螺柱，数量有 4 个，但序号只编写了一个。

（2）序号的编注形式（图 9-9）为：用细实线画指引线，编号端用细实线画水平短横或圆，在水平短横上或圆内注写序号，序号字高要比该装配图中所注尺寸字高大一号或大两号。编号端也可不画水平短横或圆，而只在指引线附近注写序号，序号字高要大两号。但应注意，同一装配图中编注序号的形式应一致。

（3）指引线应从所指零件的可见轮廓线内引出，并在末端画一圆点（图 9-10）。若所指部分（很薄的零件或涂黑的断面）内不便画圆点，可在指引线末端画出箭头，指向该部分的轮廓（图 9-10a）。指引线通过有剖面线的区域时，应尽量不与剖面线平行，必要时，指引线可以画成折线，但只可曲折 1 次（图 9-10b）。

（4）螺纹紧固件和装配关系明确的零件组，可采用公共指引线（图 9-11）。

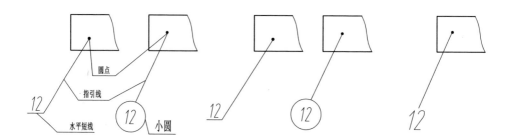

图 9-9　序号的编注形式

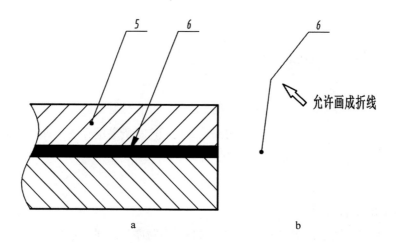

图 9-10　指引线的画法

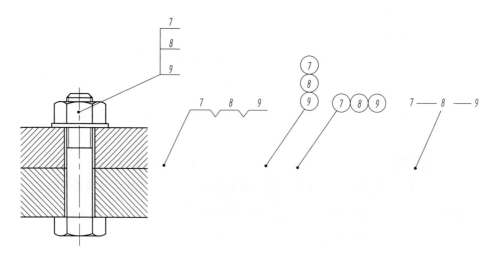

图 9-11　公共指引线的画法

（5）同一装配图中的序号应在水平或垂直方向上排列整齐，并按顺时针或逆时针的顺序排列（图9-1是逆时针排列的）。在整个图上无法连续时，可只在每个水平或垂直方向上顺次排列。

（6）装配图上的标准化部件（如油杯、滚动轴承、电动机）在图中被当作一个件，只编写一个序号，如图9-2中的油杯8。

二、明细栏和标题栏

明细栏和标题栏的格式和内容如图9-12所示。明细栏是说明图中各零件的名称、数量、材料、重量等内容的清单。

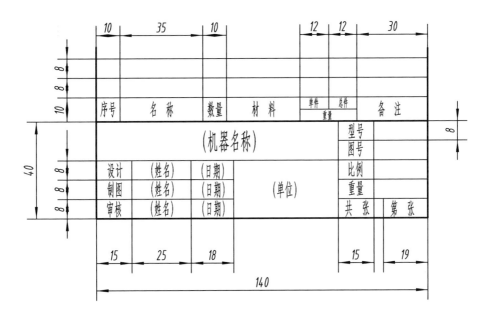

图9-12　标题栏和明细栏的格式和内容

明细栏内零件序号自下而上按顺序填写。向上位置不够时，明细栏的一部分可以放在标题栏的左边，如图9-1所示。明细栏中所填零件序号应和图中所编序号一致。

填写标准件时，应在"名称"栏内写出规定代号和公称尺寸，并在"备注"栏内写出国标号，如图9-1明细栏中的零件7、8等。

"备注"栏内可填写常用件的重要参数，如齿轮的模数、齿形角和齿数，弹簧内外直径、簧丝直径、工作圈数和自由高度等。

第五节　画装配图的方法与步骤

设计或测绘装配体都要画装配图。画装配图时，一般先画装配底图，修改、确定后再画出正式装配图。现以图 9-1 所示的截止阀为例，介绍画装配图的方法与步骤。

一、了解和分析装配体

画装配图前，须先对所画装配体的性能、用途、工作原理、结构特征、零件之间的装配和连接方式等进行分析和了解。

图 9-13 是广泛应用于自来水管路和蒸汽管路中的截止阀的内部结构图。图中表示出了各种零件相互连接和配合的情况。截止阀的工作原理也可以从该图中看出：阀体左右两端都有通孔，在工作情况下，流体由左孔流进来，从右孔流出去。阀盘靠插销与阀杆相连，阀杆的上端装着手轮，转动手轮便带动阀杆转动，并带动阀盘一起上下移动，以控制流体的流量和开启、关闭管路。为了防止流体泄露，阀盖与阀体的结合处装有防漏垫片，阀杆与阀盖之间装有填料，并靠盖螺母和压盖压紧。

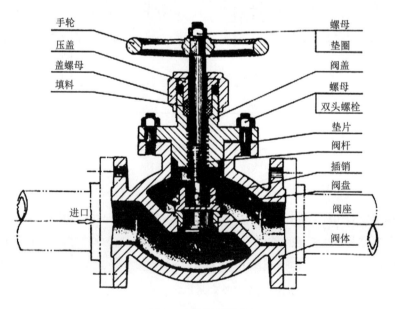

图 9-13　截止阀的结构

二、选择装配体的表达方案

在对装配体有了充分了解、主要装配关系和零件的主要结构完全明确后，就可运用前面介绍过的各种表达方法，选择该装配体的表达方案。装配图的视图选择原则与零件图有共同之处，但由于表达内容不同，也存在差异。

1. 主视图的选择

选择装配图的主视图时，应注意以下问题：

（1）一般将机器或部件按工作位置或习惯位置放置。

（2）应选择最能反映装配体的主要装配关系和外形特征的那个视图作为主视图。

2. 其他视图的选择

主视图选定以后，对其他视图的选择应考虑以下几点：

（1）分析还有哪些装配关系、工作原理和零件的主要结构形状还没有表达清楚，从而选择适当的视图和相应的表达方法。

（2）尽量用基本视图和在基本视图上做剖视（包括拆卸画法、沿零件结合面剖切的画法等）来表达有关内容。

（3）要合理地布置视图位置，使图形清晰、布局匀称，以方便看图。

图 9-1 所示截止阀装配图中，主视图是按工作位置（也可认为是按习惯位置）放置的，采用全剖视图把截止阀的主要装配关系和外形特征基本表达出来了。俯视图是拆去了手轮 12 等画出的，表示出阀体 1 和阀盖 9 由 4 个螺柱连接，也表示了阀体和阀盖在该投射方向的形状。左视图基本是采用了半剖视图的形式，进一步表达阀体的内外结构形状。左视图拆去了手轮，以避免重复作图。除以上 3 个基本视图外，图 9-1 还采用 A-A 断面图表示阀盘 3 和阀杆 5 用插销 4 连接，并单独画出手轮的 B 向视图表示其外形。

三、画装配图的步骤

表达方案确定后，即可着手画装配图。

（1）定比例、选图幅，画出作图基准线。

根据装配体外形尺寸和所选视图的数量，确定画图比例，选用标准图幅。在估算各视图所占面积时，应留出标注尺寸、编写序号、画标题栏和明细栏以及书写技术要求所需要的面积。然后，布置视图，画出作图基准线。作图基准线一般是装配体的主要装配干线、主要零件的中心线、轴线、对称中心线及较大平面的轮廓。图9-14画出了截止阀的作图基准线。

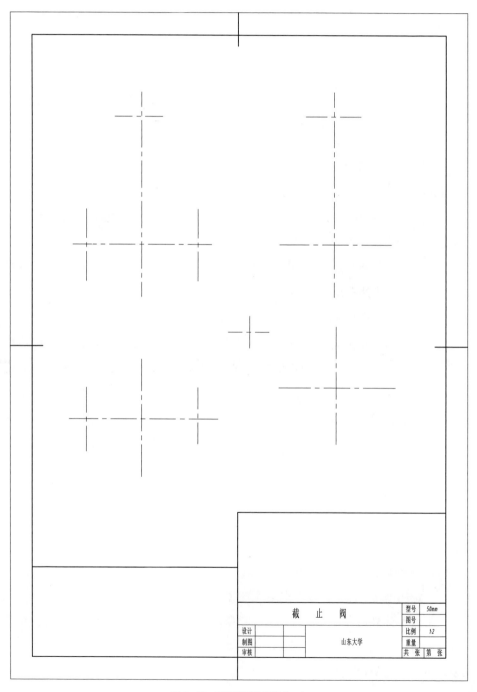

截 止 阀	型号	50mm
	图号	
设计	比例	1:2
制图	山东大学	重量	
审核	共 张 第 张	

图 9-14 画装配图的步骤（一）

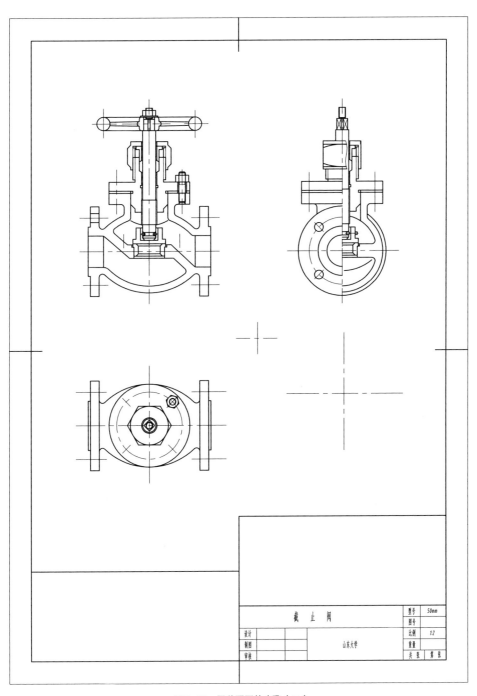

截 止 阀

型号	50mm
图号	
比例	1:2
重量	
共 张	第 张

设计
制图 山东大学
审核

图9-15 画装配图的步骤（二）

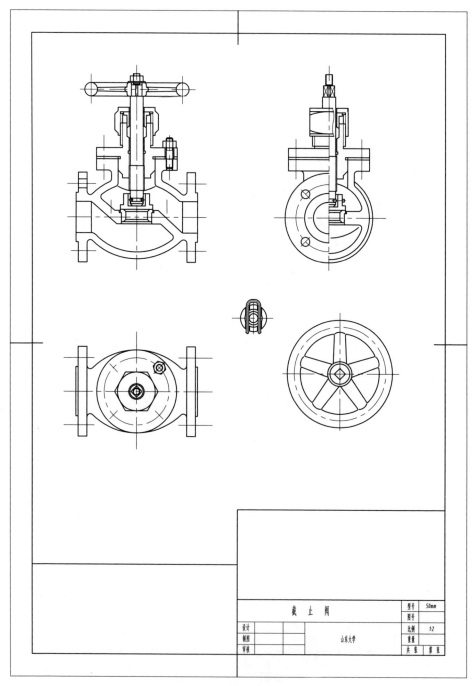

截 止 阀			型号	50mm
			图号	
设计			比例	1:2
制图		山东大学	重量	
审核			共 张	第 张

图 9-16 画装配图的步骤（三）

（2）在基本视图中画出各零件的主要结构部分（图9-15），画图时要依据以下原则：

①画图时从主视图画起，几个视图相互配合进行绘制。

②在各基本视图上，一般首先画出壳体或较大的主要零件的外形轮廓，如图9-15中，先画出阀体的3个视图。

③依次画出各装配干线上的零件，要保证各零件之间的正确装配关系。例如，画完阀体后，应再画出装在阀体上的阀座，然后画出与阀座紧密接触的阀盘，按装配顺序依次画出各零件。

④画剖视图时，要尽量围绕主要轴线，顺着装配干线，逐个由里向外画。这样可以避免将遮住的不可见零件的轮廓线画上去。主视图定好位后，应先画阀座，这样阀体上的座孔被挡住部分就不用画了。

（3）在各视图中画出装配体的细节部分，如图9-16中的断面图、手轮视图和螺栓、螺母等。

（4）底图经过检查、校对无误后，加深图线、画剖面符号、注写尺寸和技术要求、编写零件序号、填写标题栏和明细栏等，最后校核完成全图（图9-1）。

第六节　看装配图

设计机器、装配产品、合理使用和维修机器设备以及学习先进技术都会遇到看装配图的问题。看装配图有三点基本要求：第一，了解装配体的功能、性能和工作原理。第二，明确各零件的作用和它们之间的相对位置、装配关系，以及各零件的拆装顺序。第三，看懂零件（特别是几个主要零件）的结构形状。

现以齿轮油泵装配图为例，说明看装配图的一般方法与步骤（图9-17）。

一、认识部件概况，分析视图关系

拿到一张装配图后，应先看标题栏、明细栏，从中得知装配体的名称和组成该装配体的各零件的名称、数量等。从图9-17的标题栏中可知，这个部件的名称叫齿轮油泵。从明细栏中可知，齿轮油泵有15种零件，其中有3种标准件。

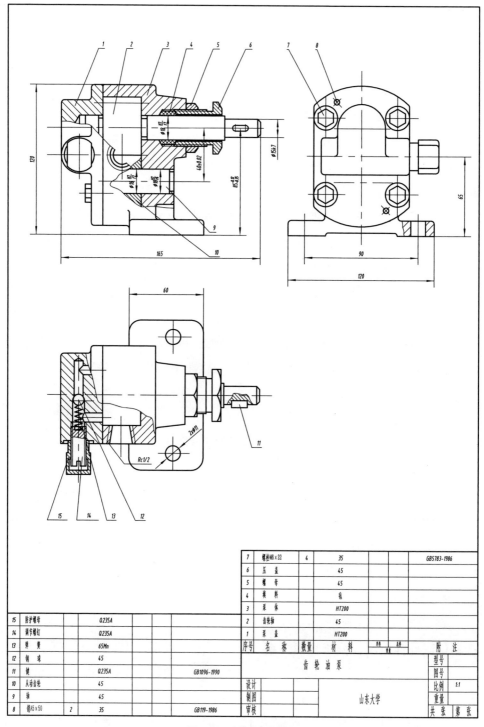

					7	螺栓M8×22	4	35	GB5783-1986
					6	压 盖		45	
					5	螺 母		45	
					4	填 料		毡	
					3	泵 体		HT200	
15	防护螺母		Q235A		2	齿轮轴		45	
14	调节螺钉		Q235A		1	泵 盖		HT200	
13	弹 簧		65Mn		序号	名 称	数量	材 料	附 注
12	钢 球		45						
11	键		Q235A	GB1096-1990			齿 轮 油 泵		
10	从动齿轮		45		设计				型号
9	轴		45		制图		山东大学		图号
8	销A5×50	2	35	GB119-1986	审核				比例 1:1

图 9-17　齿轮油泵装配图

接着要分析视图，找出哪个是主视图？它们的投影关系怎样？剖视图、断面图的剖切位置在什么地方？运用了哪些特殊表达方法？各视图表达的主要内容是什么？图 9-17 中的齿轮油泵装配图共有 3 个视图：主视图是沿齿轮油泵对称平面剖切的局部剖视图，表达了油泵的外形和两齿轮轴系的装配关系。俯视图除表达齿轮油泵的外形外，还用局部剖视图表达了泵盖上的安全装置和泵体两侧的锥管螺纹通孔（$R_c1/2$）。左视图主要表达齿轮油泵的外形，同时也表达了泵体与泵盖间有两个圆柱销定位，用 4 个螺栓连接。

二、弄清装配关系，了解工作原理

这是看装配图的关键阶段，应先分析装配干线，明确相互关联的各个零件以什么方式连接？有没有配合关系？哪些零件是静止的？哪些零件是运动的？等等。

图 9-17 中的齿轮油泵有两条主要装配干线。一条可从主视图中看出，齿轮轴 2 的右端伸出泵体外，通过键 11 与传动件相接。齿轮轴在泵体孔中，其配合代号是 ϕ18H7/f7，为间隙配合，故齿轮轴可在孔中转动。为防止漏油，采用填料密封装置，由压盖 6 压紧填料 4 完成。下边的从动齿轮 10 装在小轴 9 上，其配合代号是 ϕ18H7/f7，为间隙配合，故齿轮可在小轴上转动。小轴 9 装在泵体轴孔中，配合代号是 ϕ18H7/r6，为过盈配合，小轴 9 与泵体轴孔之间没有相对运动。从俯视图的局部剖视中可以看出，第二条装配干线是安装在泵盖上的安全装置，它由钢球 12、

图 9-18　齿轮油泵

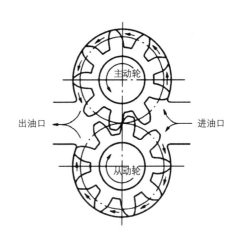

图 9-19　齿轮油泵工作原理

弹簧 13、调节螺钉 14 和防护螺母 15 组成，其中的运动件是钢球 12 和弹簧 13。

通过以上对装配关系的分析，可以了解到齿轮油泵的工作原理如图 9-18、图 9-19 所示。

三、看懂零件形状，拆画零件图

1. 标准件

标准件一般属于外购件，不画零件图，根据明细栏中的规定标记代号列出标准件的汇总表就可以了。

2. 借用零件

借用零件是指借用定型产品上的零件，这类零件可用定型产品的已有图样，不必另行画零件图。

3. 重要设计零件

重要零件会在设计说明书中给出图样或重要数据，这类零件应按给出的图样或数据绘制零件图，如汽轮机的叶片、喷嘴等。

4. 一般零件

一般零件是拆画零件主要对象，拆画零件图的方法如下。

（1）分离零件形状。要看懂零件的结构形状，先要分离零件，即从各视图中把该零件的投影轮廓范围划分出来。具体方法是，利用各视图之间的投影关系和剖视图、断面图中各零件剖面线方向、间隔的不同进行分离。

例如，分析零件 3，由明细栏查得，此零件叫泵体，从三个视图中大体可看出，泵体是齿轮油泵的主体。然后，通过投影关系和分辨剖面线异同等方法，可以把它从装配件中分离出来。图 9-20 是分离出的泵体三视图，从图中可以看出泵体包括壳体和底板两部分。壳体左视图的外形或由与它相连接的泵盖形状确定，左端面上有 4 个螺孔和两个销孔，从明细栏中也可查出。壳体内腔的形状依随它包容的两个齿轮形状确定。从主、俯视图中还可以看出壳体前面的进油锥螺孔、底板的形状及其上面的通孔和通槽。装配图 9-17 中只能看出图 9-20 画出的泵体结构形状，并没能把泵体全部的结构形状表示出来。

（2）补充设计装配图上该零件未确定的结构形状。

泵体（图 9-20）内腔的形状、右端面凸台形状、壳体后边的出油锥螺孔、右下

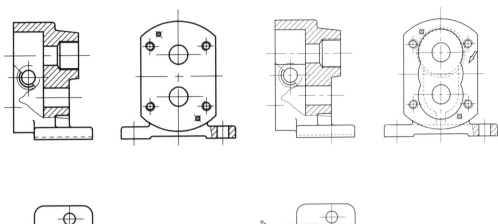

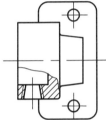

图 9-20 分离出来的泵体视图

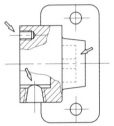

图 9-21 补充结构后的泵体视图

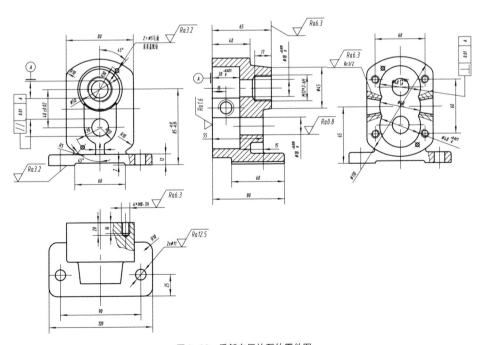

图 9-22 重新布局的泵体零件图

方肋板的厚度、左端面上螺孔的深度都没有确定下来。对这些结构，要根据零件上该部分的作用、工作情况和工艺要求进行合理的补充设计，如倒角、退刀槽、圆角、拔模斜度等。图 9-21 是补充设计后的泵体三视图。

（3）零件的视图处理。由于装配图的视图选择是从装配图的整体出发确定的，拆画零件时，主视图应根据其选择原则重新考虑，视图的数量和表达方式也不能简单照抄装配图，应自行设计拟定。

图 9-21 的泵体三视图是按泵体在装配图中的相应视图画出来的，对零件的表达不够理想，左视图虚线过多，影响图面清晰，销孔的表达也不够清楚，因此改画成了图 9-22 所示的表达形式。

四、综合各部分结构，想象总体形状

最后，对装配体的运动情况、工作原理、装配关系、拆装顺序等进行综合归纳，想象总体形状，进一步了解整体和各部分的设计意图。

"博雅大学堂·设计学专业规划教材"架构

为促进设计学科教学的繁荣和发展，北京大学出版社特邀请东南大学艺术学院凌继尧教授主编一套"博雅大学堂·设计学专业规划教材"，涵括基础/共同课、视觉传达设计、环境艺术设计、工业设计/产品设计、动漫设计/多媒体设计五个设计专业。每本书均邀请设计领域的一流专家、学者或有教学特色的中青年骨干教师撰写，深入浅出，注重实用性，并配有相关的教学课件，希望能借此推动设计教学的发展，方便相关院校老师的教学。

1. 基础/共同课系列

设计美学概论、设计概论、中国设计史、西方设计史、设计基础、设计速写、设计素描、设计色彩、设计思维、设计表达、设计管理、设计鉴赏、设计心理学

2. 视觉传达设计系列

平面设计概论、图形创意、摄影基础、字体设计、版式设计、图形设计、标志设计、VI设计、品牌设计、包装设计、广告设计、书籍装帧设计、招贴设计、手绘插图设计

3. 环境艺术设计系列

环境艺术设计概论、城市规划设计、景观设计、公共艺术设计、展示设计、室内设计、居室空间设计、商业空间设计、办公空间设计、照明设计、建筑设计初步、建筑设计、建筑图的表达与绘制、环境手绘图表现技法、效果图表现技法、装饰材料与构造、材料与施工、人体工程学

4. 工业设计/产品设计系列

工业设计概论、工业设计原理、工业设计史、工业设计工程学、工业设计制图、产品设计、产品设计创意表达、产品设计程序与方法、产品形态设计、产品模型制作、产品设计手绘表现技法、产品设计材料与工艺、用户体验设计、家具设计、人机工程学

5. 动漫设计/多媒体设计系列

动漫概论、二维动画基础、三维动画基础、动漫技法、动漫运动规律、动漫剧本创作、动漫动作设计、动漫造型设计、动漫场景设计、影视特效、影视后期合成、网页设计、信息设计、互动设计

《设计制图》教学课件申请表

尊敬的老师，您好！

我们制作了与《设计制图》配套使用的教学课件，以方便您的教学。在您确认将本书作为指定教材后，请您填好以下表格（可复印），并盖上系办公室的公章，回寄给我们，或者给我们的教师服务邮箱907067241@qq.com写信，我们将向您发送电子版的申请表，填写完整后发送回教师服务邮箱，之后我们将免费向您提供该书的教学课件。我们愿以真诚的服务回报您对北京大学出版社的关心和支持！

您的姓名		您所在的院系	
您所讲授的课程名称			
每学期学生人数	_____人　　_____年级　　_____学时		
课程的类型（请在相应方框上画"✓"）	☐ 全校公选课　　☐ 院系专业必修课 ☐ 其他 _____		
您目前采用的教材	作者 _____　　书名 _____ 出版社 _____		
您准备何时采用此书授课			
您的联系地址和邮编			
您的电话（必填）			
E-mail（必填）			
目前主要教学专业			
科研方向（必填）			
您对本书的建议		系办公室 盖　章	

我们的联系方式：
北京市海淀区成府路205号北京大学文史哲事业部　艺术组
邮编：100871　　电话：010-62755910　　传真：010-62556201
教师服务邮箱：907067241@qq.com　　QQ群号：230698517
网址：http://www.pupbook.com